catch

catch your eyes ; catch your heart ; catch your mind······

catch 295
狗狗想要什麼
圖解如何照顧與訓練出快樂的狗狗
WHAT DOGS WANT
An illustrated guide for happy dog care and training

作者：麥特‧沃爾（Mat Ward）
繪者：魯伯特‧佛瑟（Rupert Fawcett）
譯者：林義雄
編輯：林盈志　封面設計：簡廷昇　內頁排版：江宜蔚　校對：呂佳真
出版者：大塊文化出版股份有限公司
105022 台北市松山區南京東路四段 25 號 11 樓
www.locuspublishing.com　locus@locuspublishing.com
讀者服務專線：0800-006689　電話：02-87123898　傳真：02-87123897
郵撥帳號：18955675　戶名：大塊文化出版股份有限公司
法律顧問：董安丹律師、顧慕堯律師
版權所有　侵權必究

Text © Mat Ward, 2021
Illustrations © Bloomsbury Publishing, 2021
Mat Ward and Rupert Fawcett have asserted their right under the Copyright, Designs and Patents Act, 1988,
to be identified as author and illustrator, respectively, of this work
All rights reserved. No part of this publication may be reproduced or transmitted in any form or by any means,
electronic or mechanical, including photocopying, recording, or any information storage or retrieval system,
without prior permission in writing from the publishers
This translation of What Dogs Want is published by Locus Publishing Company by arrangement with
Bloomsbury Publishing Plc. through Andrew Nurnberg Associates International Limited
Complex Chinese translation copyright © 2023 by Locus Publishing Company
All rights reserved

本書中所包含的資訊僅供一般指引，涉及特定主題，但無法替代專業的獸醫、行為或訓練建議。對於具體的動物行為需求，不應依賴本書提供醫療、保健、藥品、訓練、管理、安全或其他專業建議。本書的銷售應基於對作者和出版社未從事醫療、健康、行為、訓練或任何其他個人或專業服務的理解。在採用本書中的任何建議或從中推斷之前，讀者應諮詢獸醫專業人士或臨床犬隻行為學家。就法律所允許的範圍，作者和出版社明確聲明不對使用本書任何內容的後果（直接或間接地）所產生的任何責任、損失或風險（個人或其他方面）承擔責任。

總經銷：大和書報圖書股份有限公司
新北市新莊區五工五路 2 號　電話：02-89902588　傳真：02-22901658

初版一刷：2023 年 6 月
定價：新台幣 380 元
ISBN：978-626-7317-20-4
Printed in Taiwan

圖解如何照顧與訓練出快樂的狗狗

狗狗想要什麼

WHAT DOGS WANT

An illustrated guide for
happy dog care and training

麥特‧沃爾 MAT WARD　著

魯伯特‧佛瑟 RUPERT FAWCETT　繪

林義雄　譯

献給

翠絲（Trace）、芬（Finn）、洛奇（Lochie），
和我們家庭裡的毛孩：
比柏（Pepper）、蘇基（Suki）、黑米（Hemi）和林皮（Limpet）。

關於本書

似乎每個人對犬隻行為和訓練都有自己的見解,而相關書籍和網路資訊看似浩瀚無窮之際,卻又往往相互矛盾、令人困惑。在消化所有育犬資訊時,該如何著手去蕪存菁呢?

我累積了25年的學術研究和實務經驗,與成千上萬隻狗和他們的飼主一起合作過,從中萃取了犬隻飼養與訓練的菁華,本書資訊的基底是科學界對於人類同伴「家犬」(學名:Canis familiaris)的最新研究成果,也結合了我個人在動物行為領域真實世界的臨床經歷。不論讀者是在考慮要不要養狗的新手,又或者是經驗老到的資深飼主,參考本書都能更懂狗、更有效地訓練狗狗們,進而建立更穩固的關係。本書會讓讀者更加專注於飼主角色的關鍵之處。

讀完本書、實際運用書中建議之後,我相信你的狗狗會更快樂,而你也會!

麥特・沃爾
理學學士、獸醫研究碩士、臨床動物行為學家
Mat Ward BSc MVS CCAB
petbehavioursorted.com

目次

CHAPTER 1
狗的一生
狗狗生物學

神奇的鼻子 14

狗如何看見世界 16

聽清楚！ 18

味覺與消化 20

狗的年紀 22

選養愛犬

吉娃娃、米格魯……還是吉格魯？ ...24

選狗準則 26

領養收容犬 28

跨出成功的第一步

為幼犬預約健康幸福的未來 ...30

狗狗如廁規矩 32

讓狗正向發揮 34

CHAPTER 2
訓練得更成功
良好關係是成功關鍵

支配的真相 38

學習而獲得 40

我的名字是「不可以」嗎？ 42

遊戲的神奇作用 44

裝備

牽繩須知 46

項圈、胸背帶、頭帶項圈 48

嘴套之謎 50

像個專業的訓練師

狗如何學習 52

要主動不要被動 54

訓練ABC 56

食物獎勵怎麼給 58

為什麼食物獎勵會有用 60

一清二楚的響片 62

四項核心

坐下 64

趴下 66

召回 68

重新訓練召回 70

待在原地 72

每天都是訓練日

保持動力 74

用樂趣做回報！ 76

CHAPTER 3

狗在想什麼

讀懂狗語

洩漏心事的尾巴 80

讀我表情 82

看狗從頭看到尾 84

「汪！」的意思 86

狗需要幫助的跡象 88

行為解析

為什麼狗會挖地、吃草、
轉圈、踢地？ 90

為什麼狗會舔我、吃便便、
抬腿、蹭地拖行？ 92

CHAPTER 4

健康與安全

維護健康

餵食 96

整毛不僅止於好光彩！ 98

牙齒保健 100

學著喜歡獸醫 102

生病的警訊 104

常見健康問題 106

公犬絕育 108

母犬絕育 110

注意安全

食物禁忌 112

開車出遊！ 114

搭建柵欄 116

CHAPTER 5
無比幸福

幸福的家

舒適家居 120

狗喜歡人抱嗎？ 122

熱愛運動 124

益智遊戲

好吃又好玩 126

尋寶遊戲 128

拔河遊戲 130

嗅覺大考驗！ 132

打造挖坑樂園 134

CHAPTER 6
呼叫休士頓，我們遇到問題了

撲人和拉扯

改掉撲人習慣 138

拉扯牽繩 140

恐懼與焦慮

何為恐懼？ 142

面對重大噪音 144

獨自在家 146

打理外表這件事 148

攻擊性

了解攻擊性 150

陌生人危機 152

會咬親人的狗 154

地域防衛緊張 156

與狗一起快樂生活的
十大黃金法則 158

1 | 狗的一生

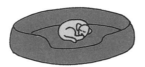

神奇的鼻子

人類可能難以想像，不過對狗狗而言，這個世界聞起來的味道，
比起看起來的樣子，更加影響現實的認知。
要想了解狗，就必須先了解他們的鼻子。

嗯！晚餐上門了！

超級嗅覺中心

你知道狗能辨識出稀薄到兆分之一的氣味嗎？這就好比二十座奧運標準泳池當中的一滴水。實際上，你的狗聞過你五個腳印、評估每一步的氣味遺留多久了，就可以判斷你離開的方向。

這種驚人的能力來自於眾多的生理特質，狗的鼻子裡有個嗅覺隱窩，可以留置12％的吸入空氣，而且滿布著嗅覺受體，這些受體排列在骨質結構的迷路中，可嗅聞的表面積大幅擴增。狗還具有心智處理能力，可以充分利用這些資訊——犬隻腦部處理氣味的區域，至少比人腦大三倍。

1
聞出過往的氣味

氣味讓狗狗得以了解周遭的世界，不只認識現在，也認識過去，把狗的鼻子想成是氣味監視器就對了！

嗯！巴奇來過了，昨天晚上洗過澡，還帶了條新項圈。

尿尿郵件
狗是社交溝通的動物，但他們不會收發電子郵件，出門在外四處走動的時候，他們會解讀彼此用尿液留下的尿尿郵件。

嗯！有意思！

犁鼻器
狗在靠近鼻子前段有個特別的器官，專司感知犬類特有的費洛蒙，這些化學物質能夠傳達生殖以及性別相關的細節。

2
立體嗅覺

狗的兩個鼻孔各自獨立對空氣取樣，讓他們得以判斷氣味從何而來。如同人類兩側的雙耳可以辨別聲音的方位。

生物檢測
醫療犬會偵測身體化學物質細微的變化，以協助糖尿病、艾迪森氏病與其他疾病的患者，在他們需要用藥時發出提醒。也有犬隻接受過訓練，可以辨識出與癌症有關聯的氣味，藉此有助於科學家開發機器，利用呼吸檢體診斷癌症。

3
身負重任的犬隻

狗是人類動物界的好友，鼻子靈敏又容易訓練，因而非常適合協助搜救，還可以搜尋松露、偵測爆裂物、從事生物檢測。

狗如何看見世界

狗看到的世界和我們不一樣，不但能在黑暗中適應得很好，
周邊視覺也相當良好，不過卻沒有人類的眼睛銳利，
有些顏色也無法區分。

我的球在哪？

狗是色盲嗎？

狗看得見顏色，但沒有我們看得分明，人類眼睛裡有紅、綠、藍三種顏色受體，而狗卻只有黃、藍兩種，亦即人類可見如彩虹的繽紛色彩，而紅、橙、黃、綠在狗狗看來卻是同一種顏色，人類可以一眼看出綠草中有顆鮮紅小球，而狗卻難以做到。

1

夜視力

狗在夜間視力良好，
因為他們眼睛內部構
造特殊。

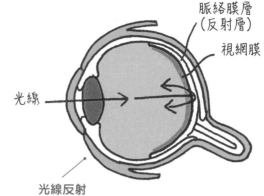

脈絡膜層
（反射層）

視網膜

光線

光線反射

狗的視網膜有許多「桿狀」感應器，利於接收光
線。狗的眼睛內部有一種特殊的反射結構，稱為
脈絡膜層（tapetum），可將光線反射回視網
膜，提升狗在夜間捕捉光線的能力。

我看到你了，貓貓。

2

狗需要戴眼鏡嗎？

狗的視力比人類模糊，如果狗能夠
接受視力檢查，只能達到20/75，
亦即同一物體，距離在75英尺
（22.86公尺）處，人類就可以看清
楚，而對狗而言，卻必須拉近到20
英尺（6.09公尺）以內才夠清晰。

廣角鏡頭

狗的遠距視力可能不如人類，但狗
的視野則遠勝於人，人類視野範圍
180度，而一般犬隻，視品種而定，
則可達240度。

內建安全眼鏡

追逐獵物？打架？甩
動玩具？別擔心，狗
的眼睛有瞬膜覆蓋。

3

第三眼瞼

狗有第三眼瞼，稱為
瞬膜，有助於清潔、
潤滑眼睛，產生抗體
抵抗感染，並保護雙
眼免於傷害。

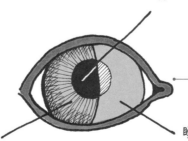

虹膜

角膜

瞬膜

聽清楚！

狗依偎在身邊時，如絨柔順的耳朵撫摸起來非常舒服，
但狗的雙耳並非只是好玩，也是重要的裝備。

超音波接收器

　　狗的聽力是頂級的，在多數方面都輕而易舉地勝過人類，靈敏度約莫是人類的四倍，如果你能聽得見別針掉在木地板上，狗就聽得見別針掉在地毯上。

　　狗能聽見的音頻也比人類高出許多──狗能聽到4萬5千赫茲的頻率，而人類的極限則是2萬赫茲，接收超音波對一般的犬隻而言完全沒有問題！

1

毛茸茸的衛星天線

狗擅長準確識別噪音來源，外耳（耳廓）獨立活動，有如雷達可以旋轉定位聲源。

地點、地點、地點！
狗的腦部會根據聲音先後傳送到兩耳間的些微差距，即時計算出聲音的來源。據說狗歪著頭時，就是在接收附加資訊快速運算。

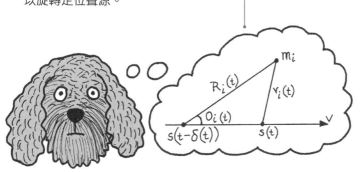

2

造型多元的狗耳

幾個世紀以來，人類基於不同用途培育犬隻品種，狗的祖先有典型的立耳，後代則演變出許多新的形狀和大小。

3

聽障犬

狗在老化過程中，聽力通常會變差，但是某些顏色的狗（例如白色、花斑色和隕石色〔merle〕）更有可能一出生就失聰，這是因為影響毛色的基因也負責狗內耳的重要部分。

無聲狗哨如何發揮效果？
無聲狗哨音調很高，狗可以聽得到，人卻聽不到，因此用來訓練狗的時候，不會打擾到附近的人。

味覺與消化

狗的味覺不如嗅覺發達……考量到狗愛吃的東西，這也許再好不過！

速戰速決

狗天生吃得快——在野外求生，吃得最慢的可能會吃大虧！狗進食不需要咀嚼就可以開始消化，狼吞虎嚥下肚之後，交由胃酸分解。從進食到排便，犬類的整個消化過程大約需要8個小時。相較之下，人類的消化悠哉多了，要花上24小時。

1

狗可以吃素嗎？

出人意料的，可以！貓是純肉食動物（必須吃肉才能生存），而狗則是雜食動物——定義上不吃肉也能活，不過，經過演化，狗偏重肉食，所以飼主如果不想讓狗吃肉，務必三思而行。

素食！

獸醫的寶貴建議
如果有意讓狗吃素，務必事先做好功課並諮詢獸醫。

狗的喝法
狗的舌頭會往後捲，把水舀起來向上送入口中。

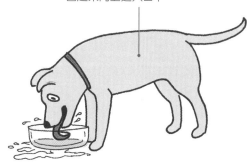

2

水的滋味

水對人而言似乎平淡無味，而狗的舌尖卻有特殊的味蕾，對水極為敏感，狗可能因此覺得水喝起來很美味，因而大量飲用（這種習慣恰好可以平衡犬隻對肉食的偏重）。

人的味覺比較發達
人狗兩者味覺感官相比，人類的味蕾大約10,000個，而狗只有2,000個，人類大勝！

3

狗舔人的衛生議題

健康的人被狗舔通常沒關係，但如果免疫力低下，或者身體有割傷、擦傷，細菌得以穿透皮膚，就該避免。另外，盡量避免黏膜，比方眼睛、口鼻內部等，被狗舔到，因為難纏的細菌可能藉此侵入人體。

狗狗生物學

狗的年紀

小狗何時可以進門？何時進入青春期？
何時算是成犬？我的狗能活到幾歲？

我不是2歲，
我已經21歲了。

七年迷思

狗的一年真的等於人的七年嗎？簡單說「並非如此！」這個粗略的換算用在成犬可能有用，但用來推算狗的生命初期，誤差過大。例如，狗六個月大左右就進入青春期，但你何時看過三歲男孩需要刮鬍子?!

更好的換算方式是，狗在兩歲時過21歲生日，之後每過一年，狗就多五歲，而大型犬因為預期壽命偏短，尤其是巨型犬種，則是每年多將近六到七歲。

生命階段	犬齡 （小型犬）	人類對應 年齡	發展特質
新生	0-2 週	0-6 個月	眼睛和耳朵仍未張開。吃、睡、保暖。
過渡	2-3 週	6-9 個月	眼睛和耳朵已開，開始長牙、接受世界、學習走路。
社會化	3 週	1 歲	開始吃固體食物，了解未來的社會夥伴和環境。 廣泛的經驗至關重要。 7-8 週大準備進入新家庭。 10-12 週大完成疫苗接種。
社會化	6 週	3 歲	
社會化	9 週	5 歲	
社會化	12 週	6 歲	
少年	12 週	6 歲	磨練基本生活技能，強化能力。 愛咬東西，一天到晚在玩！
少年	4 個月	9 歲	
少年	5 個月	11 歲	
少年	6 個月	13 歲	
青少年	6 個月	13 歲	青春期來襲，荷爾蒙青少年， 飼主爸媽的話比較聽不進去。 有些狗情緒會變得比較敏感，自我／領域保護增強。
青少年	9 個月	15 歲	
青少年	1 歲	16 歲	
青少年	1.5 歲	18 歲	
生理成熟	1.5 歲	18 歲	外表看起來像成犬，但稚氣未脫。
生理成熟	2 歲	21 歲	
成年	2 歲	21 歲	具備社會成熟度。 開始表現得很精明，生理處於顛峰時期。 隨著經驗增加智慧。
成年	3 歲	26 歲	
成年	4 歲	31 歲	
成年	5 歲	36 歲	
成年	6 歲	41 歲	
成年	7 歲	46 歲	
成年	8 歲	51 歲	
成年	9 歲	56 歲	
熟齡	10 歲	61 歲	活動力可能會下降，認知能力衰退， 健康更有可能出問題。 狗狗與你有許多共同經歷， 相知相惜，這幾年是彼此相伴的特別時光。
熟齡	11 歲	66 歲	
熟齡	12 歲	71 歲	
熟齡	13 歲	76 歲	
熟齡	14 歲	81 歲	
熟齡	15 歲	86 歲	
熟齡	16 歲	91 歲	
熟齡	17 歲	96 歲	
熟齡	18 歲	101 歲	

吉娃娃、米格魯……還是吉格魯？

狗有兩百多個品種，混種數量更多，該如何挑選出最適合你的小狗？

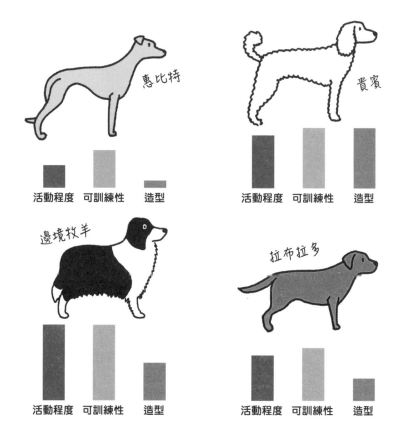

惠比特

活動程度　可訓練性　造型

貴賓

活動程度　可訓練性　造型

邊境牧羊

活動程度　可訓練性　造型

拉布拉多

活動程度　可訓練性　造型

理性選擇

　　可以肯定地說，出門選狗時，一旦有對惹人憐愛的眼睛和你四目相交，你就不太可能有辦法不帶他回家養，所以先做好功課，別讓心自作主張。把邊境牧羊工作犬養在小公寓裡，或者帶著迷你臘腸犬陪你訓練馬拉松，都不會是你或狗狗想要的。

1

純種、混種、米克斯？

你想要純種可預測性、混種特性，還是米克斯魔幻？純種的好處是可以充分預知犬隻生理、行為特質的未來發展，然而混種（兩種品種繁殖的後代）和米克斯（多種混合）通常具有混血優勢──健康良好、腦筋靈活！有些混種的名字非常有趣：

Ewokian： 哈瓦那（Havanese）和博美（Pomeranian）

Gollie： 黃金獵犬（Golden retriever）和牧羊犬（collie）

Havapoo： 哈瓦那（Havanese）和貴賓（poodle）

對狗過敏？

飼主如果會過敏，可能需要考慮過敏性較低的品種或混種，貴賓、比熊犬和愛爾蘭軟毛梗都是不錯的選擇。

2

幼犬大變身

纖細幼犬長大可能變成巨大有力的成犬，你的房子夠大嗎？體力足以應付嗎？

千絲萬縷

阿富汗獵犬毛髮飄逸很漂亮，但往後14年，你能一往情深定期幫他梳理嗎？

3

乖一點！

選擇品種時，行為導向比外表更重要，有些品種，如㹴犬，繁殖時的設定並非順從人類指令，相反地，㹴犬的職責是獨立行動、獵敵除害。如果你想要容易訓練、聽話的狗，那麼傑克羅素可能就不適合，但如果你想要的是有個性的狗，那就找對了。

天生勞碌命

如果狗狗的老祖宗是培育出來替人工作賣命的，後代可能受不了一天中大部分時間都困在屋裡。

1

狗的一生

選狗準則

一旦品種決定了，下一個研究功課就是狗狗的來歷，
這關係著他們將來的耐受力和社交能力。

幼年經歷與基因遺傳

選養小狗時需要調查的主要事項：

- 小狗的幼年經歷。
- 狗媽、狗爸的性情和健康狀況。

幼年經歷豐富的小狗未來更能克服生活挑戰（見第30-31頁）。如果能見到狗狗的爸媽——或者至少狗媽媽，而且他們神情都很輕鬆、和善，這就是很好的跡象，代表這隻小狗可能會發展出類似的性情。**如果狗媽媽「生人勿近」，趕快離開！**

1

熱鬧的好處

小狗成長的理想環境是氣氛熱絡的家庭,各式各樣的景象、聲音和社交互動都有助於小狗腦部發展提高包容力。

呵護備至

從幼犬年紀很小開始,每天把他抱起來細心呵護照顧,就叫作安撫(gentling),這種額外的刺激已經證實可以讓小狗性情平穩,如果育種者有把這套作法納入標準程序最好,不過飼主親友、訪客經常呵護照顧也有同樣效果。

2

安靜的缺點

如果小狗的生長環境很安靜,不要帶回家養,他們的腦部可能已經認定安靜才是正常的,將來面對大千世界的挑戰可能會很辛苦。

屋外建築是警訊

在農場外搭犬舍或純種犬展場外狗籠飼養的小狗,也不要抱來養。請記住,在屋內見到的小狗並不一定在家庭環境中飼養,所以一定要確認。

3

醫療記錄

有些純種狗容易產生特定健康狀況,負責任的育犬業者會盡其所能對種犬進行相關篩檢,飼主應對選定品種做足功課,並要求業者針對親代提供相關基因檢測和獸醫檢查的證據。

疫苗接種和驅蟲

帶小狗回家之前,務必確保小狗已經完成健檢、第一次疫苗接種,和寄生蟲治療。

領養收容犬

領養收容犬最大的收穫可能是，
提供他們快樂的新家、讓他們發揮潛能。

發光的機會

世上有許多狗遭人遺棄，領養收容犬就是讓他們有機會在充滿愛的家中成長發光，這是所有狗狗都想要的。然而，請注意！收容所當中有許多狗，是因為行為問題而遭人棄養，也可能有一段坎坷的過去。

這表示某些收容犬在行為上可能比「一般」犬隻更具挑戰性。有些收容所會調出犬隻過往記錄，提供領養人參考，請與這些機構接洽，他們會參考你的個人經驗、生活狀況協助你領養到適合的犬隻。

1

需要時間綻放異彩

收容犬領養完成後,請記住犬隻短期表現未必代表長期行為。他們可能會從過往的家庭帶來情緒包袱,以及救援中心的收容經驗,進入新的家庭時,可能也會對場景的轉換感到不知所措,經過一段時間壓力紓解之後,他們的性格、能力就會大放異彩了。

學習潛力無限

遭到遺棄的狗,未必沒有潛力,有了新飼主的鼓勵、耐心對待,狗狗能學到的新行為會令人驚嘆不已。

1

狗的一生

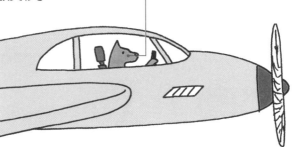

全新的開始

有時,領養人根本無從了解收容犬過去的生活經歷,不過,知道自己會帶給狗狗全新的開始,就別具意義了。

2

功成身退的同伴

有些可愛的狗上了年紀,在主人過世後就被送到收容所,如果想找安靜的同伴,可以考慮看看。讓他們在你清幽的家中終老,當你親密的同伴,你也無須經歷幼犬成長階段的追趕跑跳碰。

尋求專業協助

如果領養的犬隻出現脫序行為,請諮詢臨床動物行為學家(Clinical Animal Behaviourist,CAB),他們合格又有經驗,可以幫得上忙。

3

需要輔導的收容犬

領養之後如果遇到問題,可以尋求幫助,出現問題並非你做錯了什麼,每隻狗背後都有自己的生命故事,接納他們到你家中,已經相當了不起了。

為幼犬預約健康幸福的未來

小狗生命最初幾週如果順利開展，
往後極有可能適應良好、充滿自信，這就是狗狗想要的！

在社交中學習與成長

小狗出生時，眼睛和耳朵都是閉著的，這個階段的生活很簡單——依偎取暖、吃奶、透過母狗舔舐刺激排便以及清理。兩週後，小狗就開始長牙、張開眼睛和耳朵、搖搖晃晃地爬行。此時，學習曲線真正上升——此後幾週當中，小狗對這個世界的探究可能比餘生更多，他們的大腦沉浸在物質的與社交的環境中，**經歷越是千變萬化，成年後對新事物和挑戰的耐受度就越高。**

小狗在10至12週才會進行最後一次疫苗接種，此前，飼主必須衡量社會化的重要性與感染疾病的健康風險，在朋友的後花園和接種過疫苗的狗互動、抱著進入商店、搭主人的車去拜訪有幼兒的朋友，都是相對安全的作法，又可以讓他們獲得充分的體驗，適應良好地成長。

1

變化是生活的調劑

3到12週大這段時期對於狗將來的信心非常重要，以至於行為學家稱之為「**社會化的關鍵時期**」。每次和人或接種過疫苗的狗第一次碰面，以及每次新的體驗都是在投資狗狗的幸福未來。

100俱樂部！

設定目標，讓小狗在12週之前，造訪100個安全的場所、100個人和100隻接種過疫苗的狗。

2

如何社會化

幫助小狗社會化並不需要任何特殊技巧，其實很簡單：只要他們不會過度恐懼，讓他們接觸不同的事物——新的人、場所和體驗。

小狗派對

要幫助小狗社會化，另有很好的作法——報名參加小狗課程，但是早期增廣經驗若要充分發揮效果，務必確保其他課餘時間裡小狗也能社交。

疫苗接種期程

受惠於現代疫苗技術，小狗可以在10週大就完成疫苗接種計畫。請聯絡獸醫師確認住家所在地是否有此服務，幼犬越早完成接種，從事初期社交就越容易、活動越多元。

3

神奇母乳與免疫力

與其他哺乳動物一樣，小狗第一次接受母親餵食，其中含有初乳，這種超級液體可以保護小狗在最初幾週不生病。但這種免疫力也會干擾疫苗接種，因此小狗必須完成最終接種才能確保安全。

跨出成功的第一步

狗狗如廁規矩

狗狗在屋裡如廁會造成人犬關係緊張，
幸好，如果前幾週做對了，之後就輕鬆了。

到室外才能解決

　　如廁訓練要教會幼犬住家就是他們的窩，也要讓小狗養成戶外如廁的偏好。一旦訓練好，日後小狗會總是要求到外面方便，而不會偷偷溜到沙發後面大小便。

1
小便巡邏

小狗在室內時,要像老鷹一樣盯著他看,而且規律地帶他到室外如廁。狗狗嗅地板、繞圈、發出嗚嗚聲、活動突然改變,這些跡象都是開門、鼓勵室外如廁的時機,每次室內失禁都是訓練倒退一步。

> 寶貝,
> 尿尿時間到了!

如廁時間到了

小狗會在可預期的時間如廁:甦醒、進食、睡覺、玩耍和興奮之後,注意這些危機時刻有助於防止訓練失誤,養成良好習慣。

睡覺
上廁所
吃早餐
上廁所
玩耍
上廁所

2
神聖的窩

多數動物出於本能,不喜歡在休息、進食的地方上廁所,善用這種「**巢穴抑制**」是犬隻家庭訓練的成功關鍵。

夜間如廁

讓小狗在狗籠裡睡一夜,並在半夜設定鬧鐘,帶他到外面如廁,可以避免失禁,及早完成如廁訓練。

3
幼犬尿墊依賴

「尿布墊」或報紙,對於沒有室外選擇的小狗而言,可能是不錯的大小便地點,對飼主而言也是理想的解決方案,可以避免弄髒地毯。但是,一旦墊子撤掉了,如果狗狗繼續在室內尋找如廁地點,一時的便利可能會帶來長期的麻煩。

現場目擊

如果看到小狗在你面前上廁所,打斷他,但不要嚇到他,迅速把他帶到室外。如果你發現小狗已經在附近小便,不要責備他,狗狗不會將處罰與室內如廁連結起來,所以只會感到困惑,這也會傷害人犬關係。

> 不可以!
> 不可以在地毯上尿尿!

跨出成功的第一步
讓狗正向發揮

讓小狗過得快樂、充實很重要，
這不但是小狗想要的，也會幫你把麻煩減到最少。
無聊的幼犬會「自得其樂」，實際上破壞力相當驚人。

源源不絕的活動精力

小狗時而活力充沛、精神亢奮，時而平和安靜、筋疲力盡地昏睡，在體能活躍階段，務必要讓幼犬適當地發洩精力，才不會變成問題小狗。

把奶奶的老花眼鏡咬爛、把花從土裡挖出來、把新地毯撕得四分五裂，這些行為都不算「頑劣」，小狗這麼做只是在融入世界。如果受到斥責，可能會「一臉慚愧」，不過他們並不是覺得愧疚，實際上他們是在向面露兇光的人類傳遞恐懼、示弱的信號，這兩者並不相同。

你可以把小狗的活動需求想成是浴缸放水，如果無法把小狗滿缸的活動精力排掉，就會溢出來，轉變成不良行為。

1

汪星人的發洩管道

啃咬是小狗最大的欲望，要想讓居家環境避免小狗尖牙利齒的破壞，就要滿足他們的欲求。

啃咬測試

找到合適的啃咬玩具關鍵在於實驗，耐用與可破壞必須兩者適中。繩索玩具非常適合拉扯；較硬的橡膠玩具可以緩解長牙的不適；在橡膠葫蘆訓練玩具中填充冷凍食品更是樂趣無窮。試著為狗狗變換玩具類型、擇其所愛。

2

適度啃咬打鬧可接受

小狗超級喜歡打鬧、摔角，這種嬉戲偏好如果有適當的發洩管道（例如繩索玩具），小狗就不會去咬手、褲管、媽媽的喀什米爾羊絨圍巾（見第130-31頁）。

毛小孩惹毛人

如果沒有適當的打鬧發洩，小狗可能不只會撕咬不合適的物品，還會誤認製造麻煩甚至咬人可以引發主人關注。

3

食物最好利用

將小狗一天份的乾糧一次出清在同一個碗裡，等於白白浪費製造樂趣的機會。應該先秤重分配，運用不同方式讓小狗整天解謎尋寶（見第126-7頁），交代小狗這項重要任務，給予回饋，這也有助於防止麻煩。例如，將少量食物撒在草坪上，當作小狗的獎勵食物……他們永遠不知道是不是還有其他的沒找到。

益智餵食器

有一種搖擺式益智餵食器，底部為不倒翁設計，頂部開孔，小狗推、頂以後會有食物釋出（參見第127頁）。

訓練得更成功

良好關係是成功關鍵
支配的真相

與某種普遍的看法相反，狗不會試圖在家中爬到支配地位當帶頭老大，
實際上，狗比較可能會向飼主一家尋求情感、協助與樂趣。

支配迷思

狗跟人類一樣是群居動物，會先逐漸了解人際關係中如何互動，再相應地行動。兩隻狗彼此間通常會發展出一套模式，重要資源出現分配問題時，其中一隻狗往往會服從另外一隻，在這種情況下，通常佔上風的狗就是這段關係中的「支配者」。不過，並不能因為狗可能會對關係產生期望，就認定他們老是虎視眈眈地尋找主人家弱點，企圖成為家中的「老大」。別擔心，狗不會因為可以上床跟你一起睡，就策動政變奪權。你晚上可以安心入睡了！

1
野狼研究

受到1970年代研究影響，有此一說——狗會不斷在階級結構中往上爬以成為「帶頭老大」。研究對象是一群不具血緣關係的野狼，他們會在圈養環境中爭奪食物，這種高壓情況並不代表一般野狼的社會行為，更別說可以代表狗了。

成功的迷因

那些不可信的研究在70年代發表之後，支配迷思就好比至理名言流傳至今，為了狗狗，我們要一起努力消除這種迷因。

帶頭老大？我？

沒必要和狗爭

將狗的不當行為解釋為「地位」問題時，通常都會試圖透過威嚇宣示「權位」，例如將狗翻過來壓倒在地上，這反而會讓行為偏差更加嚴重，令狗困惑或受創，破壞人犬關係。

2
戴著支配的有色眼鏡看世界

支配迷思意味著我們可能會將狗的行為誤解為爭權奪位。作勢攻擊？支配心態！拉著牽繩往前衝？支配心態！輕咬兒童？支配心態！這種不分青紅皂白、一成不變的評估會讓人看不見脫序行為背後的真正原因。狗可能會因為害怕而產生攻擊性；可能會急著到公園找朋友而拉著你往前衝；嘴巴銜咬住幼兒可能只是善意鬧著玩。

你真乖！

3
狗可以在沙發上睡嗎？

支配迷思衍生出許多奇怪的說法，比方說，在沙發上休息、比主人先吃東西或先踏出家門，會讓狗誤以為自己是「老大」而我行我素，這些行為不過是狗的生活偏好，與社會地位概念毫不相關。

做狗爸、狗媽，不要當老大

看待人犬關係最好的方式是把狗看作自己的孩子。界限當然很重要，但有愛、管教前後一致、用樂趣引導才是重點，教狗如何成功，不要擔心他們擺出老大的姿態。

學習而獲得

有效的帶領需要讓狗明白遵循你的指令就會成功。

好用的訓練技巧

「學習而獲得」（learn to earn）是對狗終生適用的技巧，教狗聽候主人指令以實現心願。在實際運用上，就是要求狗回應簡單的要求（例如，坐下、待在原位、過來），以便獲得他自己想要但由你控制的東西。這麼做是在指導狗，協助他取得生活中一切美好的事物，而非霸道地破壞他的好事。

在這種心態下，狗會想著「該怎麼和主人合作才能得到我想要的東西？」，而不是「我該怎麼做，他才不會礙事？」，甚至更糟，「要做什麼才能讓他照我想要的做？」

1

「學習而獲得」實際操作

小花拚命要擺脫牽繩和公園裡的狗朋友玩。

牽繩拉好，小聲地要他坐下。如果狗不聽話，就用時間跟他耗。不過一旦他真的坐下了，就要把牽繩解開讓他去玩。

小灰想要你丟球讓她撿。

小聲地要她趴下。除非她趴下，其他動作都不要理會。她一伏地趴下，你就可以把球丟出去。

小白想要衝出門去遛達。

手放門把上，叫她坐下。不管她一直轉、站著或吠叫，都不要理會。一旦坐下了，馬上開門讓她出去，更進階的作法是要她原地待著，走到外面再下「OK」的指令讓她起身離開。

2

不要什麼都要狗用聽話來換

運用「學習而獲得」的概念時，不需要太嚴苛，生活中不需要每件東西都要狗付出代價才給他。但是，你每次扣住狗狗想要的東西，就掌握了機會教他明白聽話是有回報的。

我的名字是「不可以」嗎？

狗行為不當時，一般人很自然地都會想處理，
但處罰並不是聰明的訓練方式，反而會破壞人犬關係。

教他，讓他更好

狗希望你把他教好，而不是一直責罵他。移除環境中對狗的誘惑，就可以減少嘮叨的必要。例如，如果狗喜歡咬你最喜歡的褲子跟你拔河，先把褲子收起來幾個禮拜，同時教他，如果乖乖地坐在你面前，你就會把繩索玩具拿出來給他玩！

處罰陷阱

沒有掌握到訓練的訣竅才會對不當行為反應過度,因為:

> 我對郵差叫,媽咪就吼我。
> 要不然我要做什麼?

這並不會讓狗學會你
真正期待的行為。

> 我想要爸爸關注的時候就會叫,
> 他就會對著我說「不可以!」
> 能引起他注意就好。

你的反應可能無意間助長了
不當行為。

> 太常聽到媽咪和爹地說
> 「不可以」,我就不當
> 一回事了。

碎念久了,狗就麻痺、
懶得理你了。

> 跟阿嬤在一起的時候,
> 我好緊張噢!她好可怕!

狗如果被罵的時候有壓
力,你們之間的關係就
會受損,特別是如果他
不明白為何挨罵。

良好關係是成功關鍵
遊戲的神奇作用

遊戲是重要的社交黏著劑，可以讓飼主與狗關係更加親密，
如果有什麼是大多數狗都想要的，就是多玩一點。

遊戲有其目的

我們都喜歡和狗一起玩有趣的遊戲，但你知道遊戲有很多好處嗎？

• 遊戲確立人類是狗的主要社會夥伴。

• 遊戲有助於小狗腦部發育，他們日漸成熟後，會更能接受無法隨心所欲，因此更能克制衝動。

• 遊戲讓肢體更加協調。

• 遊戲可以建立、維持人犬關係，家人共玩、同享美好的生活！

• 遊戲會釋放腦內啡，產生舒服的感受，正是狗想要的健康快感，為生活壓力提供情緒緩衝。

• 遊戲讓狗適當地宣洩，不會惹麻煩！

1

不同品種各有遊戲偏好

每個人都有自己最喜歡的運動，狗也一樣。㹴犬通常最喜歡激烈的拔河比賽，獵犬喜歡追逐遊戲，牧羊犬喜歡「放牧」和撿球。

叼著球不放

很多狗都喜歡追球的快感，不過一旦「獵物」到了嘴裡，就不太願意交出來給人，實在沒輒！面對不願鬆口的犬隻，有個改造的好方法就是使用兩顆同型的球，第一顆球投出後，拿起第二顆球，等到愛犬回來後，他第一顆球一放下，立即拋出第二顆球——**有捨才有得！**

2

有本事你來追

追逐是很多狗一直以來最喜歡的遊戲。不妨試試：暫停不動，然後對狗做個怪表情，以最快的速度跑開，再突然停下來雙手放地上。暫停一秒鐘，然後再次跑開，轉身換你追他，就好像在玩捉迷藏一樣。會累癱的！

有樣學樣

當作自己是生物學家上身，研究公園裡的狗怎麼玩來玩去的，放下自己的矜持，在家裡像狗一樣和愛犬一起玩——他會因此愛上你！

3

冷靜以後再繼續

有些狗玩的時候太興奮了，玩到過頭。無論玩什麼遊戲，有個作法很有用：停止、要他坐下，等他坐下、安定下來了，才可以繼續進行。

稍停再玩

定期「稍停再玩」是很好的作法，可以讓狗了解到，遇到提示就冷靜幾乎總能保證後續還有好玩的。這也是有用的常態練習，在必要時讓玩心降溫。

牽繩須知

牽繩是飼主和愛犬之間的重要串聯，好處多多。

為何要用牽繩？

- 牽繩可以確保愛犬安全。
- 某些地方法規要求犬隻必須戴上牽繩。
- 牽繩方便飼主管教犬隻，無須一直下達口令，避免小狗對飼主要求麻木。
- 牽繩可以輕鬆防範犬隻脫序行為或予以中斷，例如吃小鳥屍體、撲向陌生人，或脫逃去追逐其他動物。
- 透過牽繩可以教會愛犬表現良好會有收穫。

適合不同場合的牽繩

腰間牽繩──2公尺長，可以圈在腰間空出雙手訓練犬隻，例如：訓練小狗上廁所或跟著你跑步。

家用繩──約2.5公尺長，末端沒有套環的輕型繩索，犬隻可以在監督下拖著繩索移動，需要控制犬隻時，可以撿起其中一端。這種作法不囉嗦、不正面衝突，卻有效阻斷脫序行為、鼓勵優良表現。

長繩──10公尺長，這是有所控制的自由，但需要一些練習才能掌控。如果想要對犬隻保有控制，又想讓他有機會在較大的戶外區域奔跑追逐，長繩非常適用。在某些情況下，也可以放下牽繩，讓狗拖行。長繩要搭配胸背帶，不是項圈。

傳統牽繩──2公尺長，有環形手把和夾扣，可固定在項圈或胸背帶上。這種牽繩適用於狹小空間，方便而不笨重，長度足以讓狗在人行道上嗅聞東西，卻不會遛達到馬路上或絆倒路人。

伸縮牽繩──5至8公尺長，主要優點是牽繩在塑膠把手裡伸縮自如。不過，這也可能會導致問題，因為相較於標準長繩，這種控制方式不夠直覺，而且把手有時會從手中彈出去「追」狗──使用上有壓力！

項圈、胸背帶、頭帶項圈

狗並沒有內建的牽繩銜接點——那麼有哪些選擇呢？

我很喜歡打扮。

狗狗胸背帶

善待他

在過去，套索型項圈是許多犬隻飼主的首選，但作用時會勒緊狗的脖子，造成不適、受傷——尤其是老派訓練師提倡的「確認」或拉扯。幸好現在有比較多文明的選擇了，多數產品設計概念是，狗如果自己有得選，可能會想要的東西。

1
一般項圈

優點： 方便。一般項圈可以留在狗身上，隨時可以扣上牽繩，全天候懸掛狗的名牌。

缺點： 會對喉嚨和頸部的脆弱部位施加壓力，如果狗用力拉，就有受傷的危險。

逃脫大師
有些狗脖子肌肉發達或頭比較小，會在高度興奮的時候從項圈中掙脫！你可以使用8字項圈，這會稍微收緊但不足以勒緊脖子，掛在狗的脖子上時保持鬆弛，但他扭動要掙脫時又會安全地收緊。

2
胸背帶

優點： 如果安裝得當，犬隻受傷的風險最低。如果想讓狗拉著走，例如人狗協力越野賽（Canicross）或雪橇，這很適用，把牽繩扣在胸背帶的背面就可以健步如飛了！

缺點： 不適合一直穿著，得根據需要替狗穿脫，如果安裝不當或穿太久，狗可能會擦傷。狗拉扯時比一般項圈舒服，因為銜接點通常在背部……所以如果不想讓狗拉動（很可能你不想），就需要確保訓練很到位，或者使用前扣式的胸背帶。

愛拉扯專用背帶
選擇D形扣環在胸前而不是在背後的胸背帶——這更方便控制，有必要的時候，可以讓你把狗轉過身來。

3
頭帶項圈

優點： 絕佳控制——頭到哪裡身體跟到哪裡！頸部不會直接受壓。

缺點： 狗和大多數動物一樣，可能需要時間才能適應臉上有東西，所以可能需要進行適應訓練。

頭帶項圈使用祕訣……
嘗試以下品牌：Halti、Gentle Leader或Dogmatic，他們的牽繩扣環在下巴下方。務必選擇合適的大小，正確地調整，而且狗開始不再用爪子試圖撥掉的時候，一定要給他很多小零食獎勵。如果狗去摩擦或用爪子撥弄嘴套項圈，稍微拉緊牽繩以免滑落，但狗不再去碰的時候，要馬上幫他稍微放鬆。稍微放鬆＝成功！

嘴套之謎

嘴套看起來很嚇人，人看到狗戴著嘴套可能會有所成見，
但戴上嘴套，狗實際上可以比較快樂。

終於有點
個人空間了。

嘴套的好處

嘴套的確並不是賞心悅目的犬隻裝備，很多人不太願意用，但嘴套確實對活潑好動的狗有所幫助。許多狗受到壓力時會咬人，雖然飼主可能了解狗的需求而適當因應，卻不能時時刻刻控制周圍環境。重要的是，嘴套有助於確保所有人安全。此外，飼主和愛犬也比較不會惹上官司。嘴套對大眾來說是非常明顯的信號，表示狗需要空間，對於社交敏感的狗來說，可以好好喘口氣，在公共場所散步壓力通常會小很多。這也意味著，反應激烈的狗戴上嘴套以後，可以多給他們一點自由。

1

籃網嘴套 VS 布質嘴套

籃網嘴套外型可能不討喜，但與套穿式管狀布質嘴套相比，具有相當重要的優點。最明顯的是，可以讓狗喘氣，得以保持涼爽、獲得充足的氧氣。相較之下，許多布質嘴套幾乎把狗的嘴都封了起來，這不是狗覺得熱或運動的時候會想要的。

購買建議：
- 設計良好、尺寸適中，確定嘴套不會滑落。
- 舒適貼合——無壓力點。
- 鼻前區域寬闊、柔軟。
- 狗能喘氣、喝水嗎？
- 前開洞口夠大可以遞送零食。

點心時間到了！耶！

我的狗會認為自己受到懲罰嗎？
如果只在壓力大的情況下才讓狗戴上嘴套，他早晚會一看到嘴套就躲得遠遠的。另一方面，如果狗知道戴嘴套意味著吃點心和散步，就會飛蛾撲火般地跑過來戴上嘴套。

2

歡樂的連結

飼主可以做點事讓狗愛上嘴套，方法是確保狗每次戴上嘴套，都會吃到最喜歡的食物碎片。如果戴上嘴套預示著愉快時光，那麼嘴套就變成了歡樂的連結而不是痛苦的處罰。

3

其他人會怎麼想？

了解狗的人會認為飼主很負責任，確保一切安全，把狗照顧得很好。嘴套是正向的，象徵飼主的責任感。

感謝給予機會
如果狗膽子比較小，戴著嘴套時，飼主可以小心翼翼地介紹新的人和狗跟他認識，以安全、負責的方式培養他的社交技能和包容力（另見第152-3頁）。

像個專業的訓練師

狗如何學習

所有動物學習方式基本上都相同——把行動與結果做連結，
狗也不例外。

> 這麼做有效！
> 我還要這樣做。

結果改變行為

　　狗透過「關聯」學習——他們會因為結果而改變行為。

　　道理很簡單：如果他們將某種行為與感覺良好（或感到如釋重負）連結起來，他們就會更頻繁地這樣做。另一方面，如果他們將這種行為與發生的壞事（或美好時光的結束）建立關聯，他們就不太可能重複這種行為。

　　了解這一點會有助於把狗調教成犬界楷模——如果有得選的話，成為他們自己會選擇的樣子。

學習象限

下面的「學習象限」簡要說明了狗的學習方式。避免使用過時的訓練技巧製造不適或恐嚇強迫犬隻：狗可能會嚇壞、困惑、受到壓迫，這也可能破壞人犬關係。作為開明的訓練師，「正增強」（左上象限）可以幫助犬隻學習——教他們重複結果美好的行為！（右下象限在特定時間也很有用——參閱第139頁。）

行為增加

好事發生

耶！

學到把腳放在地上，因為這樣做就有好康的。

壞事停止

還好！他不再捏我腳趾頭了。

學到把腳放在地上，因為這樣做就可避免壞事發生。

壞事發生

噢！

學到不要跳，因為這樣做會有壞事發生。

好事停止

可惡！不拍拍了。

學到不要跳，因為這樣做好康的就沒了。

行為減少

像個專業的訓練師
要主動不要被動

如果說把狗教好有任何祕訣，
那就是主動地教導他們良好的行為會帶來回報，
而不是被動地因為脫序的行為對他們大呼小叫。
動腦，不要動怒！

主動教他

現代的犬隻訓練講求**激勵**而非恐嚇。為了每天有所進展，稍微想想自己期望的行為樣態，主動地確保這些行為會讓狗規律地得到好處，這就已經超越90%的飼主了。不

要想「要怎麼讓我家的狗不要這樣做、不要那樣做？」，而是要思考「我要我的狗**做什麼**？」然後尋找機會獎勵這種行為。

1

投資基本功

我們生活忙碌，可能會在倉促、混亂和狗分心的情況下嘗試訓練狗，飼主和狗都很容易因此失敗。每天空出五分鐘專門教狗基本指令並加以練習，很快就會看到驚人成果。

不要訓練過度

五分鐘的訓練課程要專注、有趣、切入重點。如果狗開始失去興趣，請克制，不要奮戰到底！

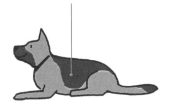

2

點心獎勵

有個好方法可以提醒自己獎勵狗的良好行為——每天準備十份小點心，一天當中對狗下達訓練課程教過的指令，他如果做到了，就隨機給予獎勵。如果一天要結束了還有零食剩下，隔天你得更加把勁！

散播對狗的愛

家中每個人都分配給他們一天分量的零食獎勵犬隻，讓家裡人人都可以成為訓犬師！孩子們放學回來後可以給他們五份，也許爺爺到家裡來坐也能試試看……

3

乖乖的就幹不了壞事

與其費心懲罰脫序行為，不如主動培養討喜的行為，讓脫序行為消失。例如，狗坐著就不會跳了！

客人來了不要跳！

如果狗會撲向訪客，請在門口放一盒零食，向客人解釋如果狗狗乖乖坐著迎接他們，就可以給他一、兩個獎勵。

像個專業的訓練師
訓練ABC

懂得訓練ABC，就能夠像專業訓練師一樣。

下指令（ASK）> 做動作（BEHAVIOR）
> 按結果給獎勵（CONSEQUENCE）！

成功的訓練從A、B、C開始……

首先，A（ask）下指令……

接下來，B（behavior）狗完成這項動作……

然後，C（consequence）行為引發結果。

無論做什麼，都不要忘記做到

C（consequence）──由結果決定狗的行為之後會改變或持續。如果只會下指令，卻從不提供有意義的結果，行為就會瓦解！如果聽話得不到真正的好處，誰還會想聽呢？

1

獎勵頻率

狗在學習新事物時，每次成功就獲得獎勵會有助於保持自信——狗會想知道自己做對了，不過，一旦他們了解飼主期望了，最好不要每次都獎勵，間歇性獎勵有助於提高狗回應的一致性。

翻得好！

進步有獎
間歇性獎勵不僅可以讓狗保持敏銳，而且飼主也可以選最出色的表現加以獎勵，從而鼓勵狗狗長期不斷進步。

2

關聯不明

你是否發現狗有時會做一連串動作，而非單純回應指令？下指令和給獎勵之間關聯不明確時，就會發生「行為混亂」。狗會認為，如果所有動作都做一遍，總會有個正確的回應，這相當於打電動的時候將所有按鈕亂按一通！

坐下！叫！握手！
我好混亂噢！

做得好才有獎
為避免行為混亂的問題，只有狗馬上正確執行指令的時候才有獎勵，不要在一連串動作中剛好做對的時候打賞。

3

做得到的訓練

教狗新動作時，從容易的開始，如果有意設定高難度的挑戰，務必確定他們已經掌握了中低難度以免灰心。在成功的基礎上，可以逐漸增加挑戰。

避免分心
一旦狗認識了一項行為，就需要在各種不同的情境下練習，以避免受到各種人事物分散注意力，例如其他狗、人以及生物，比方說……松鼠！

像個專業的訓練師

食物獎勵怎麼給

有許多獎品可以用來慶賀狗訓練成功，但如果你很少用食物獎勵當作驚喜，那就錯過了一項訣竅。（狗狗也可能跟著錯過！）

給食物當獎勵

狗會重複過去得到好處的行為，而食物是個我們可以用來給大多數狗的好處，這個獎勵威力強大又實用。

教狗新行為時，零食非常有用，還可以引發他們的動力去做已經會的好事。

雖然有些狗的確喜歡其他獎品更勝於食物，比方說追球或玩拔河遊戲，但食物獎勵確實是訓練百寶箱裡重要的寶貝！

1

給食物要靈活變化

教狗新東西時，把食物放在他面前沒關係：你可能正在運用「引誘技巧」幫助他學習（見第66-7頁），這也讓你可以快速獎勵狗狗，讓他知道自己做到了。不過，之後你要用食物給他驚喜而不是收買他。

黛西，好棒！
看看這是什麼？

是驚喜，不是收買
狗做出回應之後才給食物獎勵，不要先給。

沒得吃——
不理你！

2

「我的狗有得吃才會聽話」

這是好事！這個問題在訓練時很常見、好解決。讓狗無法確定你會不會用零食獎勵，很快地他們就會了解到聽指令包準有好處——即使沒有零食的跡象。

先請人猜猜看
朋友或家人看得出來你是否要獎勵狗嗎？可以手裡拿著一塊食物，或把口袋裡的小包零食弄得沙沙作響，如果家人看得出來，狗也可以！

3

穩賺不賠

獎勵應該像玩老虎機一樣——狗永遠不知道什麼時候會得到回報，但總是希望得到獎賞而有所回應！

太帥了！
中大獎了！

中大獎！
如果偶爾提供超級頭獎的驚喜，例如小包貓食或一些剩肉，狗會格外熱表回應。

為什麼食物獎勵會有用

我們先解決一些由來已久的疑慮，
礙於這些疑慮大家不敢用食物當獎勵，解決了以後，
我們就可以確保在完美的訓練百寶箱中沒有任何雜物了。

我的狗還會把我放在眼裡嗎？

　　之前有種說法認為，要讓狗就算沒有食物當作鼓勵也對飼主唯命是從，這是受到老派想法影響，亦即訓練狗要讓他們心生敬畏，而不是引導激勵。但事實並非如此。如果聽話就有機會博得世間美味，狗會更加敬重你。

1

「我家的狗不受食物引誘」

所有的狗或多或少都會受到食物激勵，否則早在世上絕跡了！如果你家的狗對食物愛理不理，你可以設法讓他們從「嗯」變成「耶」。

並非所有食物都等值

你家的狗可能會對餅乾嗤之以鼻，但對肝蛋糕雀躍不已。花點心思用美食做獎勵，如起司、香腸和雞肉，效果就會非常不一樣。可以好好準備一大堆這些超級大獎，切成小塊，用小袋分裝儲存在冷凍庫裡方便打賞。

不用費盡心思準備晚餐

如果你家的狗有些挑嘴，請按捺住，不要費盡心思變化主餐——把特別的點心留作食物獎勵吧！

體重適中，保健輕鬆

請確認狗維持理想體重（參見第97頁），如果過重了，要逐漸減少日常餵食量，直到恢復健康體重，這會保持食物對狗的吸引力，長遠來看也有益健康。

把自助餐收起來

如果狗一整天都能吃到碗裡的食物，美食獎勵可能激勵不了他，這完全是供需法則——狗一旦離開碗邊，就把碗收起來，點心就會變得美味無窮！

2

「重」要問題

許多人擔心食物獎勵會把狗撐胖，這種情況很容易避免，只要將獎勵切成小塊，並稍微減少每日餵食量，讓「零食獎勵＋每日餵食量＝每日熱量需求」即可。

斯文地吃

如果狗會搶你手中的食物，教他要斯文地拿，把獎勵握在拳頭裡，等狗變斯文了才把手張開。硬搶＝失敗；斯文＝成功。應付某些鯊魚型犬隻，放在手掌餵食，不要用食指拿，可能比較容易。

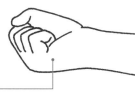

像個專業的訓練師
一清二楚的響片

看似不起眼的響片實際上是非常有用的訓練工具，
可以讓狗搞清楚哪些行為會得到回報，一清二楚的訓練是狗想要的！

耶！
好吃的要來了。

那麼，響片是什麼？

響片只是個小小的塑膠盒，帶有金屬片，按一下就會發出清晰的「喀嗒」聲，這個聲音一開始對狗來說毫無意義，但是如果每次按完都會給個小小的超級獎勵，很快就會變得有意義：「喀嗒」一聲預告著食物獎勵！

一旦狗知道「喀嗒」聲是有意義的，就可以用來教狗到底哪些行為會贏得獎勵。**響片的妙用在於，幫助狗建立目標行為和美食回報之間的連結。**

1

通往成功的橋梁

將響片視為對狗的承諾——「喀噠」聲意味著「做得好！好吃的來了！」這是目標行為和回報之間的橋梁，是成功的標誌。

時機最重要

重要的是「喀噠」聲的時間點，而不是給狗食物獎勵有多快，狗一旦明白「喀噠」就是獎勵，可以過個幾秒鐘才把獎品生出來。

2

訓練得更成功

2

響片也在訓練人！

作為訓練人員，響片對你也有功用，會讓你把狗要達成的行為想得更加清楚明確，因為你會專注於在狗成功的瞬間精準按下響片。

行為塑造

一旦完成基礎訓練，就可以使用響片訓練更複雜的行為——比如教狗將所有玩具都收到籃子裡，為此需要將行為拆解成好訓練的步驟。使用響片精確標記每個小步驟並朝著最終行為邁進。這個訓練過程稱為「塑造」。

第 1 步：銜住玩具

第 2 步：放下玩具

第 3 步：銜著玩具，接著……

……放下玩具

第 4 步：玩具一個接著一個銜住……

……再一個接著一個放下

3

響片不需要用一輩子

狗一旦知道你所期待的行為，而且提示後總是有所回應，即可停止使用響片訓練這項行為。

不要忘了獎勵

一旦教會狗一項行為，就不再需要響片的精確標記了，不過他們還是需要獎品驚喜作為激勵。

我想我們不需要再用響片了。

四項核心

坐下

簡單、有效……一起訓練狗坐下吧！

狗的暫停鍵

　　讓狗學會徹底聽從指令「坐下」是非常值得的訓練，這就是狗的暫停鍵。

　　坐下可以讓狗按兵不動一下子，方便你排除狀況。可以讓狗在繁忙的街道上等待時保持安全，不會過度熱情地扭腰擺臀把小朋友推倒。要把牽繩扣到項圈上時，也比較不會像用筷子挾蒼蠅。

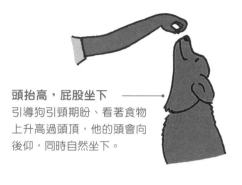

1
訓練坐下

狗站立時，拿塊好吃的食物放在他鼻子前面，然後慢慢拿高並稍微向後靠近他的耳朵，狗的鼻子會跟隨食物向上移動，屁股應該會放下碰到地板形成坐姿，屁股一旦著地，就把食物給他。

頭抬高，屁股坐下
引導狗引頸期盼、看著食物上升高過頭頂，他的頭會向後仰，同時自然坐下。

2
跳跳虎

如果狗跳起來要抓食物，迅速把零食移開不要讓他搆到，然後再試一次。狗很快就會知道，跳起來是白費時間和力氣，而坐下會有回報！

保持正向
如果狗在抬頭下臀的階段沒有成功，也無需說「嗯嗯」或「不可以」，應該要讓狗放輕鬆而不是怕出錯。在學習階段，要讓狗自在嘗試不同行為，這樣他才會不斷嘗試，直到做出你期望的行為。

3
提示力求精簡

一旦你只要把手舉到狗的頭上他就會乖乖坐下時，請簡化手勢：手放在狗頭上更高的地方，他坐下後就給獎勵，很快你只要手握拳放在胸前，狗就會把這理解為「坐下」，此時，也可以下達「坐下」作為口頭指令。

用「很好」當作記號
想要獎勵令人滿意的行為時，請在伸手去拿獎勵之前說「很好」，這對狗而言會是個可貴的信號，表示他的表現符合你的期待（也可以使用響片；參見第62-3頁）。

四項核心
趴下

趴下是狗另一個好用的「暫停」鍵,但一開始可能不好訓練。
以下技巧對99%的狗都管用。

狗狗瑜伽

一開始先讓狗坐在平滑的表面上訓練趴下,用手指夾住一些誘人、濕軟的食物,只露出一點點。

慢慢地把手放下靠近地板,讓狗輕咬食物,引導他向下伸展,形成有點不自然的姿勢,只要放鬆趴下,怪異的姿態就會消失了。

狗開始吃東西時,透過指間逐漸一點一點擠出食物,鼓勵他持續瑜伽動作不要放棄。當狗的爪子向前挪移、雙肘觸地時──賓果!說聲「很好!」恭賀他成功趴下,並讓他把剩下的食物吃掉。

1

避免離地

如果狗站了起來而沒有趴下，迅速把食物移開，要他坐下從頭開始。剛開始，有些狗需要用手輕輕搭在屁股上，提示他零食降下時屁股要貼著地面，但如果可以的話，請避免這樣做。

手要遠近適中

訓練者手的位置很關鍵，如果離狗太近，狗就會想站起來，又或者無需伸展得那麼遠，不必完全趴下；但如果離得太遠，狗又會乾脆放棄或更有可能站起來。手往地上放下的時候，位置必須恰到好處。

2

下個階段

一旦十次裡有九次狗會趴下，就進入下一階段：使用相同手勢，但手要握起來隱藏食物，狗的肘部一觸地，就說「很好！」並把手張開。

信號清楚

如果使用一致的口頭和視覺「提示」訓練犬隻行為，狗會更容易理解。在第二階段，可以開始平穩地說「趴下」，作為狗趴下的口令。

3

訓練完成

最後階段是用空手做手勢，一旦你的狗的肘部接觸到地面，就說「很好！」然後將零食放在之前空著的手上，讓成功做到的狗享用。他會了解到，即使看不到吃的，只要回應「趴下」的指令，就可能會有回報。

仍需努力？

如果趴下訓練不順利，可以嘗試「放手一搏」的技巧。在一天中等待狗在你身邊趴下的片刻，然後說「很好」並伸手拿出零食獎勵，之後就可以在「趴下」指令和實際趴下之間建立連結了。

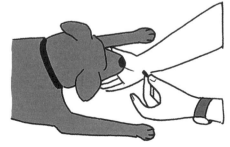

四項核心
召回

把狗叫回來就是訓練師所說的「召回」。
這項重要的行為訓練很容易，但維持比較困難。

召回訓練

剛開始訓練召回時，請在沒有干擾的環境中進行。

在拇指和手掌間藏一小塊超級美食，用手輕拍大腿，向後退幾步，同時簡單俐落、口吻輕鬆地喊「來」。狗靠近時，翻掌露出食物給他吃，同時不斷熱情地讚美他，揉

揉他的胸口和肩膀表示祝賀。接著再次向後小跑，重複剛才的動作。狗一旦掌握了訣竅，請等他稍微分心，然後再呼叫，如果又成功了，再次獎勵。這就是在訓練召回，但召回的行為需要終生維持，這還只是一開始！

1
回來最好

花花世界的吸引力確實會干擾狗的召回，你需要讓狗學會，回來最好了，才不無聊。

來！

提高好處，減少壞處

想想如何讓狗回來時獲得最大的回報（例如：超級美食或遊戲），同時設法降低他回來要付出的代價（比方說樂趣消失了）。

乖孩子，去找！

天女散花尋寶樂
將美食召回獎勵變得讓狗更加怦然心動的是尋寶覓食遊戲。

2
祭出頂級激勵

有時干擾對狗誘惑實在太強，難以對抗，因此，務必在召回時拿出頂級食品做獎勵。食之無味的餅乾可以丟了，用法蘭克福香腸、起司、雞肉或肝蛋糕上等好料給狗驚喜。對一些狗來說，出乎意料的投球或拔河比賽會讓他們充滿動力。

3
善用哨子

召回時，哨子是很好的提示，清晰、一致，而且可以傳到很遠的距離。不需要特殊的狗哨，只要確保所選的款式，在需要替換時，哨音聽起來一模一樣。

哨音對訓練者的提醒
口哨對訓練者很有幫助，因為你很清楚哨子有非常特定的目的，不太可能過度使用。你總不希望因為喊過太多次「來」卻都不是當真要他回來，而讓狗把它當成毫無意義的白噪音吧！

四項核心
重新訓練召回

如果狗在召回的時候時好時壞，
有時是因為他認為回來可能要付出「代價」。

你有召回的問題嗎？

你們家的狗會不會在你叫他回來時就「聽不見」了？這個問題非常普遍！狗擺脫牽繩玩得正開心的時候，如果你叫他，他不會動腦筋想對錯，只會想「怎麼做對我最有好處？」如果不理你，狗就可以繼續玩樂，如果乖乖回來，就會受到「處罰」，因為沒得玩了（如果你設法抓住他或騙他回來，狗也會學你的狡猾，之後道高一尺魔高一丈）。好在有些訣竅可以運用，讓你重新掌控召回的技巧。

妹妹乖！
妳可以回去繼續玩了。

1

正向感受

回到飼主身邊對狗來說應該是進入有好處的休息站，而不是樂趣的終點站。務必在狗回來時給他回報，而如果可以的話，得讓狗能夠回去繼續做原本在做的事情，這樣他就不會認為召回等同於樂趣的結束，證明給他看你不是專門掃興的人。

2

訓練得更成功

重享樂趣

每次狗如果做了不該做的事（比方別人家在野餐，他在美食周圍聞來聞去），你必須召喚他回來而且不能讓他回頭再繼續做的時候，想辦法在之後五次的召回彌補他，讓他都可以重享樂趣。

2

考慮使用長繩

召回訓練通常是徹底成功或完全失敗——狗要不是牽繩綁著受到嚴格控制，就是牽繩解開像鳥自由自在不理你。如果使用長繩（請參閱第47頁），就算召回不太及格的狗，也可以獲得控制，同時讓他保有奔跑的自由。這種方法讓你可以用自然、可控的方式練習召回技巧。

讓牽繩發揮作用

使用長繩引導狗中斷問題行為，什麼都不要說。召回盡可能省著用，把狗叫回來有好處可以給他的時候再用。這樣，召回就預示著歡樂時光，而不是無聊的「樂趣終結者」。

假裝消失

如果狗不理會召回的指令，而你在安全的地方，趕快離開、躲起來，多數的狗會擔心你失蹤了，主動展開搜救行動！此時，狗會了解到在外不走散的責任在他不在你。

3

白噪音

如果狗分心了，而且似乎不理你，請不要一再喊著「來」，這樣做只會讓自己的聲音變成毫無意義的白噪音！相反的，最好的辦法是把狗抓住，重新扣回牽繩。把召回練習留到以後，等到干擾少了，你和狗都比較放鬆、專注的時候再做。

四項核心
待在原地

教狗學會待在原地也是非常有用的訓練，但需要好好練習。

留在原地寸步不移的基礎

　　訓練「待在原地」的關鍵是從容易的開始，不要有干擾。先讓狗「坐下」，再把手掌伸向他平靜地說「待著」──待在原地就從現在開始，狗不應該站起來，直到你說「OK」為止。慢慢向後退半步，在狗蠢蠢欲動之前，走回去用零食獎勵他。重複操作。

　　狗一旦學會了這部分，就可以增加後退的距離到完整的一步，接著是退後完整一步再加停頓一秒鐘。如果狗要站起來，**請在他開始起身時輕聲說「啊」**，然後要他再次坐下、待著。慢慢增加退後的距離和停頓的時間；增加干擾，在他身邊繞，試著走到別的房間，然後留一道門縫觀察動靜。無論是哪個階段，都適用相同的規則：在「待著」和「OK」之間，狗絕對不能站起身！

1

成功的步驟

如果狗在某個特定難度上，可以做到五次練習裡五次都坐在原地不動，那麼你們兩位都準備好挑戰更高難度了：可以嘗試更遠的距離、更久的停頓、更多的干擾。如果五次裡做到四次，則繼續維持目前的難度；如果五次裡只做到三次、甚至更少，請降低挑戰難度，直到犬隻對基本功駕輕就熟為止。

木頭人！

木頭人
可以考慮使用不常見的說法代替「待著」作為口令，例如「木頭人」，以提醒自己專注在動作執行上！

關鍵在監督
有時間監看的時候才要求狗「待在原地」。

2

熟能生巧

有些情境相當棘手，你想要狗在原地停留，他卻興高采烈地從身邊飛快而過，令人尷尬不已。在此之前，應該要像專業訓犬師一樣練習。例如，車停在車庫前準備開車門時，訓練狗先留在車裡，之後出外散步時，到了出入繁忙的停車場，他才可能先乖乖待在車上。

OK

3

親自解除限制

要狗待在原地的時候，請記住：一定要你親口說了「OK」，他才可以起來。你每次讓狗擅自起身，就是在讓他以為「待著」的口令並非真的要他留在原地，而是「如果你敢試試看，我可能會讓你起來」。

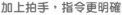

加上拍手，指令更明確
解除限制時，為了讓狗和你都清楚知道，說「OK」解除限制時，雙手拍兩下。

保持動力

教狗「坐、趴、來、待」四項核心指令很重要,但這只是開頭,
如果和狗一起生活,每一天都是訓練日!

找到他的熱情

訓練不該因為狗聽得懂「坐下」等指令就停止了,還要讓他有動力去實際**達成**你的要求。這有個祕訣:用他的熱情讓他得到回報!花點心思用對狗真正有意義的獎勵給他驚喜。

1

「他知道該給我什麼，
  他就是不給！」

狗學坐下學得很快，但是如果學會之後一直都沒有太多回報，就會變得愛坐不坐。大方地給他獎勵，就能輕鬆激發他的熱情。

就只有拍拍頭而已？哼！

「但我會讚美我的狗！」
如果狗唯一的誘因只是輕輕拍頭，實在不能怪他指令愛做不做的。只有口頭稱讚，你還願意上班嗎？

無限可能
有時候，完全不要獎勵狗的回應，而另外有時候，用他最愛、最愛的東西給他驚喜。

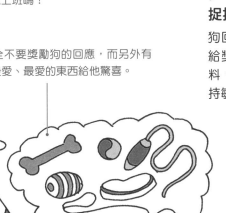

2

捉摸不定才是激勵

狗回應指令時，不需要每次都給獎勵。事實上，**獎勵難以預料、可能會有**才能真正讓狗保持敏銳反應。

適當的稱讚
拍拍頭算不上什麼獎勵，事實上，大多數狗根本不喜歡。適當的稱讚包括興奮的、聲音高亢的口頭讚美，並熱情、大動作地揉揉胸口、肩膀，或者在耳朵和臉頰周圍或尾巴根部好好抓一抓。

3

娛樂時間

最好的獎勵並不一定是吃的，通常是出其不意讓狗有機會做喜歡的事情。如果你養的是㹴犬，他可能想咬著玩具甩；如果是澳洲牧羊犬，可能想玩尋寶遊戲；如果是可麗牧羊犬，可能想玩你追我跑。請繼續閱讀本書，還有更多參考作法……

每天都是訓練日
用樂趣做回報！

獎勵不是只有特別的時候才給，也不只是用食物獎賞……

好孩子，
散步去囉！

善用生活樂趣

　　和狗一起生活，你會為他們做很多有趣的事，這些互動可以充分運用在訓練上。例如，狗看你穿上外套、拿起牽繩就知道散步時間到了，改變一下，把散步當作聽話的獎勵。要帶他去最喜歡的公園之前

不要透露任何跡象，對他下一道學過的指令，例如「床」，當他按照要求到了床上，開心地說聲「很好！散步嘍！」當作驚喜，然後直奔門口，順手拿起牽繩。

1
藉機訓練

如果計畫每天給狗一根潔牙骨，請不要在同一時間給，白白浪費訓練機會，而是在他達成一項常規指令後，給他當作驚喜。

追出好表現

如果狗喜歡你追我跑（見第45頁），可以先要他坐下，然後在他坐下時跟他玩一場刺激的追逐遊戲當作驚喜。

久別情深

玩具輪替展示可以大幅提高狗對當天玩具的興趣，因為之後就有一段時間看不到了！

噢，哇！小豬，我好想你噢！

2
玩具展

不要把狗的玩具全部拿出來，一次只放兩、三個在外面，每隔幾天選擇不同的玩具輪流擺放，從儲藏室拿出玩具當驚喜也可獎勵好表現。

拔河驚喜

有些狗時時刻刻等著要拔河，當他們完美「趴下」，可以試著從口袋裡拿出繩索玩具獎勵這頑強的拔河選手。

3
天下沒有白吃的午餐

每次餵食實際上都是訓練良機，在你準備餵食之前，先對他下個指令。例如，叫他到屋裡某個房間坐下，當他坐下就說「吃晚餐了！」然後一起去弄食物給他吃。

好孩子！

CHAPTER

3

狗在想什麼

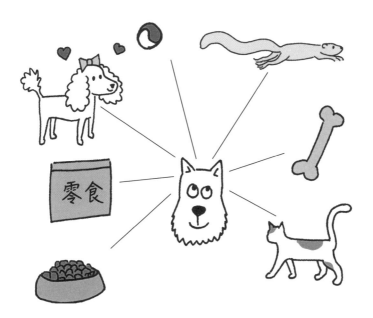

零食

讀懂狗語
洩漏心事的尾巴

尾巴會透露出狗許多情緒和心思，
以下是狗的尾巴洩漏的內幕。

驚人的真相

搖尾巴表示狗很開心，對吧？不對，不一定！只能說狗受到挑動了，不同情緒都可能挑起，需要考慮身體其他部位的反應，才能解讀背後的含義。狗搖著尾巴的確可能是快樂洋溢、興奮不已，但也可能**全然相反**，從懊惱挫折到腎上腺素激發的擔憂，或這些情緒的任何組合都有可能。**狗尾巴搖得越快，情緒就越強烈。**

「直升機尾巴」或「螺旋槳擺尾」則是例外，尾巴熱情旋轉外加屁股激烈搖擺，通常表示狗很開心。

線以上還是以下？

還有另一個關鍵指標可以得知狗的心情如何，就是尾巴擺放的位置。尾巴順著脊椎線向下往往表示狗很放鬆，尾巴抬得越高過這條線，情緒就越激昂或越有自信。尾巴越低，就越擔心或沒自信。

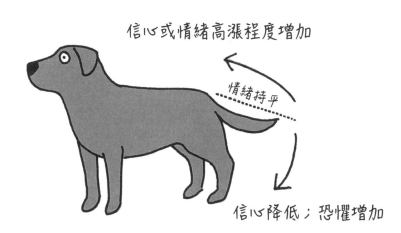

尾巴調性

每隻狗都有自己的尾巴「調性」(accent)，有些狗傾向於將尾巴抬得高一點，有些則低一點，這可能是個性外現，但也可能是品種所致。例如，絨毛犬種(spitz breeds，如阿拉斯加雪橇犬)會把尾巴舉得很高，而視覺型獵犬(如惠比特犬)通常尾巴放得比較低。

讀懂狗語
讀我表情

狗的臉孔表情豐富，在此有些訣竅可以讓你了解狗的心情如何——
從正面到負面，再到「哈啾」！

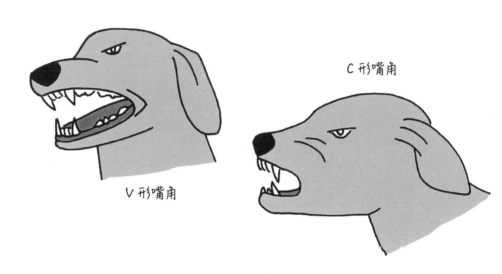

C形嘴角

V形嘴角

狗的牙齒

　　有些嘴形需要經過訓練才能解讀，而若想準確地解讀，就一定要同時觀察其他部位的肢體語言。

　　狗有個信號非常清楚了當，當他嘴唇上拉露出牙齒，就是明確的警告，表明他很不爽，逼不得已可能會咬人。你可知道，狗牙齒外露時，從嘴角看得出自信程度？如果狗嘴角向前成C形，眼鼻擠成一團、面露兇惡，代表充滿自信做出威脅、警告；嘴角後拉成V形（因此嘴唇緊繃），代表狗缺乏自信（露出牙齒可能主要是出於恐懼）。這兩種情境中，狗都可能會咬人，但嘴角成C形時可能比較有自信、會主動出擊，而V形時可能迫不得已才會咬人。

1

眼神——凌厲還是柔和？

狗的眼睛是靈魂之窗，目光凝重、瞪眼緊盯，可能表示緊張、壓力不斷累積：給他空間，特別是他已經僵住不動、低聲怒吠或嘴唇上揚時！

2

耳朵角度

狗耳朵有各種形狀和大小，從小而尖的到長而懸垂的。如果知道自己的狗放鬆時耳朵通常擺在哪個位置，就可以輕易地弄清楚懸垂的角度代表什麼。

開心表情
目光柔和、眼皮略微低垂、嘴巴放鬆的狗，很可能平靜而快樂。

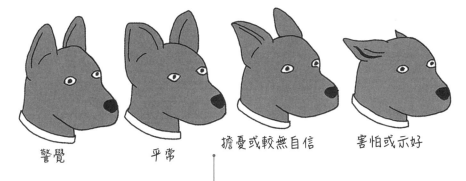

警覺　　　平常　　　擔憂或較無自信　　　害怕或示好

耳朵向前還是平放？
如果狗的耳朵轉向前並高舉在頭上，可能相當警覺或有自信；如果耳朵轉向後，可能在擔心、缺乏信心或試圖表明沒有惡意。狗的耳朵轉得越靠後，可能就越擔心。

3

「可惡」的噴嚏

有沒有想過為什麼狗興奮時會打噴嚏？這噴嚏表示「可惡」，是因為無法更快得到好處而感到無奈。

對訓練過敏？
狗學習新東西時經常會打「可惡」的噴嚏——因為可能會獲得獎勵而感到興奮，但又有點莫可奈何，因為還不太清楚如何獲得獎勵。

哈啾！

讀懂狗語
看狗從頭看到尾

要真正了解狗的肢體語言，需要整體觀察。

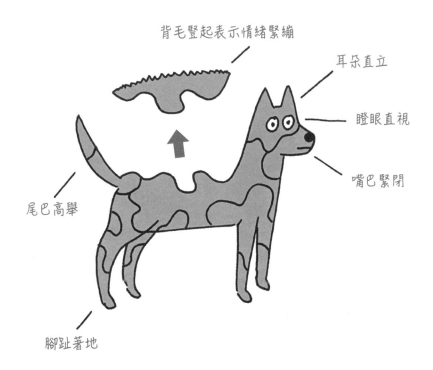

背毛豎起表示情緒緊繃

耳朵直立

瞪眼直視

嘴巴緊閉

尾巴高舉

腳趾著地

拼湊線索

　　解讀狗的肢體語言就像玩拼圖——需要把所有的碎片拼在一起才能看到完整的圖片。嘴巴氣喘吁吁可能是狗有壓力，或者只是很熱——除非把耳朵、尾巴和姿勢都納入觀察，否則無從確定。眼睛直視前方和耳朵轉向前，尾巴高高揚起呢？可能有事物激起狗強烈興趣想要上前追，或者可能在擔心前方的情況，準備採取行動……如果肩膀上毛髮直豎，這個線索可能就表示狗在擔心。

1

站姿高還低？

狗站姿的高度有玄機。腳趾著地、昂首挺立是在宣示自信或提高警覺。如果垂頭伏身，則表示害怕或缺乏自信。

翻身

有些狗放鬆時會翻過身來讓人搔肚子，但受到壓力的時候，也可能會翻身降低姿態到極致，表明真的不會傷人，又或者表示他非常害怕。

2

背毛豎起

看到狗雙肩之間的毛豎立起來，有可能是因為他感受到威脅，就跟你看恐怖片會起雞皮疙瘩的反應一樣。

甩掉壓力

看到狗身體好像淋濕一樣在甩，有可能是他覺得鬆了一口氣，相當於度過緊張時刻之後說「呼！」的肢體語言。

3

玩樂弓背

一臉開心，肘部碰地，爪子張開，臀部上抬？這就是玩樂弓背！

「要一起玩嗎？」

玩樂弓背通常是在說「要玩嗎？走吧！」

讀懂狗語

「汪！」的意思

狗有時候很會叫——吠叫、低聲吼叫、號叫和嗚嗚哀號。
這些狗叫聲是什麼意思？

汪！汪！

吠叫

　　把狗叫聲想成許多不同意思的喊叫：興奮的吶喊；「滾出我地盤」的威脅；或撒嬌「媽媽！拜託，把球丟出去！」了解狗叫聲的關鍵是情境——發生什麼事了、狗可能想要什麼、心情如何？實際的聲音也是線索，低沉的叫聲往往表示狗是當真的；高聲吠叫通常意味著信心不足或迫切想要社交互動。連續吠叫的次數越多，狗可能情緒越激動……

1

低吼

喉音低吼往往是狗需要空間的警告，是狗狗溝通重要的一部分，表示「夠了噢！再繼續就讓你好看！」狗可能低吼的情況包括梳毛有壓力不想再繼續、不想要食物被拿走、想做好玩的事情受到阻撓在鬧脾氣。

並不都那麼嚴重

狗在玩耍時經常會低吼，例如在激烈的拔河中，通常無需擔心，在這些情況下，狗可能在說「哦耶！好好玩噢！」*

咯咯，哦耶！咯咯……

* 請當心，有些狗會守護自己的物品，如果試圖拿走他身上重要的東西，可能會被咬。

哼哼！

2

哼哼高鳴

通常，嗚嗚聲或哼哼聲表示狗在尋找東西，可能需要關注、食物、在吵著出門，或者要你回來別走。

強度很重要

哼哼聲的頻率和強度往往顯示狗想做的事對他有多重要，如果真的想離開獸醫診所、非常擔心被拋下，或者對散步感到超級興奮，哼哼聲就會增強，甚至會蛻變成吠叫或號叫！

具有傳染性的號叫

號叫是會傳染的，其他狗甚至是人的號叫聲對於某些狗來說是難以抗拒的！

3

號叫

號叫通常與社會連結有關。狗無法好好獨處時，經常會號叫，基本上是在說「回來啦！」狗也可能會用號叫宣示勢力範圍：「我在這裡——這是我的地盤。」

讀懂狗語

狗需要幫助的跡象

狗並不想經歷恐懼、焦慮，了解狗的壓力跡象讓你能夠幫助他。

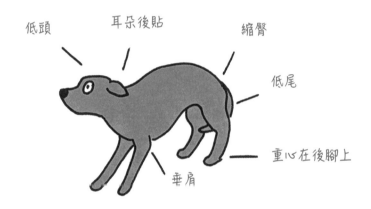

低頭　　耳朵後貼　　縮臀　　低尾　　重心在後腳上　　垂肩

叫聲或嗚咽聲可能傳達出恐懼

　　有時，狗明顯受到壓力會大聲「叫」，連人都聽得出來。當狗頭部、軀幹、尾巴都低低的，耳朵緊貼，重心向後傾斜，顯然就是被嚇到了。但是，狗焦慮、恐懼時，有些細微的跡象，你是否知道？如果看得出來狗有情緒困擾，就比較能夠幫助他（參見第142-9頁）。

皺眉頭

耳朵後貼

轉頭，及「鯨魚眼」

顫抖

憋得住的時候撒尿

打呵欠

舔嘴巴

喘氣——嘴角後拉

焦躁、高度警戒

腳掌出汗

踱步

動作緩慢或靜止不動

為什麼狗會挖地、吃草、轉圈、踢地？

請繼續閱讀,後續解答犬隻行為的謎團。

嗚喔

挖地

有很多原因會讓狗試著重新改造後院:

- 天氣炎熱時,狗可能會挖出一小塊地享受深層土壤的清涼。
- 狗可能克制不住本能衝動想要尋捕獵物,尤其像㹴犬這樣的品種,當初選育就是為了追索除害。
- 狗有壓力時,可能藉由挖洞試圖「逃避」或是紓壓,就像人

啃指甲一樣。

- 狗懷孕生產前,有時會在僻靜的地點挖個洞「築巢」。
- 生性活潑的狗留在花園裡無所事事時,挖洞就成為娛樂了。
- 狗如果有重要的寶貝,比如骨頭、甚至是玩具,可能會埋起來以後再用,就像維京海盜在保護戰利品。

1
吃草

大多數狗都會在某個時候吃草，吃草對狗來說可能感覺不錯，問題是吃草有什麼好處？答案是，我們不是100%確定！

舊習難改
你家的寶貝狗狗養尊處優，精品床墊實在無需繞圈圈修整，但內心原野習性所致無法自拔！

吃青菜

狗演化為喜歡吃草的最可能原因，是草可以提供有益健康的營養和粗食。狗不吃蔬菜可能也能存活，但每天吃一份沙拉就不容易生病！*

* 但是請與獸醫確認吃草對你家的狗安全無虞，也要確保他吃的草沒有噴灑農藥。

2
繞完圈圈才躺下

狗在睡墊上安頓下來之前通常會繞個幾圈，可能源自於老祖宗睡在戶外的築巢本能，相當於人類睡前把枕頭拍鬆。

3
方便後踢地

狗如廁後認真地把草和土踢回原地（稱為「便後標記」），並不是為了掩蓋證據，這實際上是標記行為，留給其他狗的記號，「我來過了，這是我的勢力範圍！」

3D塗鴉
狗做便後標記時，會留下多向度的犬類塗鴉，包括留在地上的視覺標記、腳上腺體留下的氣味、尿液或糞便本身的氣味，以及踢土的實況視覺展示。狗還真懂得如何留下記號！

為什麼狗會舔我、吃便便、抬腿、蹭地拖行？

在此解答急迫的問題！

舔臉

狗媽媽會反芻食物幫助幼犬從哺乳過渡到固態進食，小狗舔舔媽媽的嘴唇就能下單點餐。狗有所求時，會把殷勤的舔舐也帶入和人類的互動當中。別擔心，狗舔你的話，不是要你餵他嘔吐物，可能是在尋求關注、要吃晚餐、想玩耍或散步。有時舔人也可能是在討好，表示「偉大的人類！我沒有任何傷人的意圖。」*

* 雖然被狗舔對健康的人來說通常沒有問題，但在某些情況下最好避免（見第 21 頁）。

1
吃便便

雖然看在我們眼裡很噁心，食糞症（吃便便）可能只是狗第一輪消化後回頭再進行第二輪，也可能是別隻狗、貓或其他動物的第一輪消化產品！

寄生蟲防護

食糞症可能遺傳自狗的野生老祖宗。糞便中有許多類型的寄生蟲卵潛伏，一開始不會構成問題，因為還需要大約兩天的時間才能孵化成具有感染性的幼蟲。狗趁卵還沒孵化成幼蟲之前把糞便吃掉，或許是試圖保護自己和一家大小，避免未來受到寄生蟲感染。有點像在細菌造成麻煩之前，使用清潔液殺菌。

我具備寄生蟲防護力！

2
抬腿撒尿

在狗的世界裡，尿液是重要的社交信號，會傳達出「到此一遊！這是我的勢力範圍」的訊息。公狗，尤其是尚未結紮過的，可能會抬腿以確保尿跡更準確、顯著地遺留在灌木叢、燈柱或奶奶的手提包上。

抬腿母狗

母狗也可能將一條腿甚至兩條後腿抬高撒尿做記號，一般認為如果母狗出生前在子宮內被兄弟包圍，可能會吸收到他們身上的睪固酮，之後就比較有可能表現出類似公狗的抬腿行為。

3
屁股放在地上拖行磨蹭

這種行為往往與搔癢、不適有關，要不然那邊他們要怎麼抓？！

追根究「底」

地上拖行磨蹭可能是肛門腺問題、寄生蟲，或由於過敏、皮疹引起的皮膚刺激所造成的。如果你家的狗在地上蹭，請帶他去看獸醫徹底解決。

CHAPTER

4

健康與安全

維護健康

餵食

良好的營養對狗的健康有確實的益處。

保持犬隻營養均衡

　　狗怎麼吃最好眾說紛紜，但無論是外購食品或親自下廚、熟食或生食、罐頭還是乾糧、肉食或蔬食，最重要的是確保所給的食物營養均衡適合愛犬。

　　狗的營養需求與人類不同，而嚴重失衡的飲食也會損害健康。皮毛柔軟有光澤，皮膚光滑有彈性，糞便稍軟、棕褐色、成條等，表示飼主提供的飲食對他的健康很好。

1
分量拿捏

要為愛犬健康把關，務必要讓他維持健康的體重。這並不難，通常只要每天維持適當食量就好，以確保他們不會攝取過多卡路里。此外，減少零食，比如奶油吐司脆片，也會有幫助！

狗狗的理想體型
你家狗狗在頻譜上哪個位置？

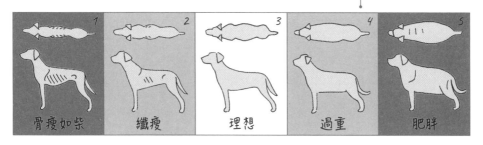

| 骨瘦如柴 | 纖瘦 | 理想 | 過重 | 肥胖 |

特殊飲食
有些食物是專門為有特殊需求的動物配製的，例如，腎臟問題、牙齒問題、食物過敏，或認知能力下降，甚至減重需要的低卡食品。

2
應知狗的理想體重

為狗設定目標體重可以讓飼主有所依循，如果狗體型較小，量體重有個簡單的作法，就是抱著他站到體重計上，之後再扣除自己的體重。而大型犬可以到獸醫診所，他們通常有犬隻體重計可以免費測量。

母犬大餐
應該提供哺乳母犬所有她想吃的食物——餵養一窩小狗需要很多能量！

3
隨齡變化的需求

幼犬、成犬和老犬在飲食中需求各有不同，不論是活力充沛青少階段的幼犬，或是穩重、掉牙的老犬，針對他們個別的營養、熱量和動作需求而量身準備的飲食，對他們會很有幫助。

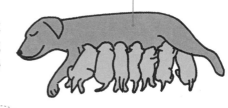

整毛不僅止於好光彩！

定期整毛不僅長毛犬需要，也是所有犬隻維護健康的關鍵。

> 寶貝！
> 除蚤時間到了。

梳毛讓狗賞心悅目、神清氣爽

替愛犬整理毛髮，不只可以讓他們外表賞心悅目、上相討喜，也是個健檢的好時機、可以用雙眼觀看、用雙手觸摸全身，確認他的健康。梳毛可以避免他們毛髮打結刺激皮膚或影響衛生，飼主也可以幫狗去除污垢、髒屑和皮屑。

定期幫狗梳毛，不只看起來舒服，他的心情也會更好。

1

毛梳類型

狗的毛梳有多種形狀和大小——哪一種適合你家的狗？

耙梳
可以穿透厚重毛皮、清除底層死毛。

橡膠梳
通常許多狗都能接受、樂在其中，對短毛狗最有效。

鬃梳
適用於短毛犬，可去除鬆散毛髮和髒屑。

軟性針梳
非常適合去除中長毛犬的亂毛。

2

梳毛頻率

多久要幫狗梳一次毛要看皮毛決定，像惠比特犬或大麥町毛髮柔順的狗，可能只需要隔週用橡膠梳梳理一次，以去除鬆脫的毛髮和皮屑；底毛濃密的短毛犬（如獵犬）需要每週梳一次；長毛犬則需要更頻繁梳理。

預防勝於治療

毛髮鬈曲或波浪形的狗（如貴賓和比熊犬）或長毛柔順的狗（如約克夏），可能需要每天梳毛，以免毛髮打結亂蓬。應該要教狗梳理毛髮很稀鬆平常、不會痛，而且還有好吃的當獎賞，而不是等到毛髮失控再費心處理打結。

3

寄生蟲檢查

幫狗梳毛是檢查蜱蟲、跳蚤等寄生蟲的最好時機，如果看到狀似胡椒粉的小黑點，這種「跳蚤污垢」就是討厭鬼搭便車者的跡象！快帶狗和這些找麻煩的寄生蟲去請獸醫驅蟲。

如果在狗身上發現蜱蟲，最快速簡便的作法就是使用蜱蟲清除器加以去除，這也會降低蜱蟲口器遺留在狗皮膚中的機率。

牙齒保健

良好的口腔健康可以確實改善愛犬生活品質。

雞肉口味牙膏

刷牙

　　牙齒保健很容易受忽視，但幫狗刷牙是減少日後牙齒問題最好的辦法。（請想像一下，如果你好幾年沒刷牙 ——噁！）如果沒辦法每天幫狗狗刷兩次牙，隔天刷一次還是有一定功效，可能可以省下日後大筆的獸醫費用。

　　找一把專為狗設計的軟毛牙刷，可以確保刷牙成效，同時盡可能讓狗感到舒適。另外也需要專為狗設計的牙膏，因為人類牙膏中的某些化學物質對狗有害，有些狗牙膏可以選擇不同氣味，比方雞肉口味，狗可能會喜歡。相當美味喔！

1

認識病徵

飼主如果知道牙齒問題有何跡象，就可以真正幫助到自家的狗。沒有狗想要牙痛！請觀察牙齦是否發紅腫脹？牙齒上是否堆積了過多黃色、棕色牙垢。

進食變慢

如果狗進食速度變慢或不太想吃，可能就是牙齒出問題了。

口腔氣味測試

面對現實吧！狗嘴巴的氣味永遠不會聞起來像玫瑰，但如果口臭真的很嚴重，有可能就是牙齒有問題。

2

時常咀嚼有益保健

提供狗喜歡啃咬的咀嚼物確實有助於減少牙齒上的牙菌斑數量。

3

如何增加牙齒保健趣味

把刷牙從苦差事變成有趣的例行公事。幫狗狗刷牙刷個幾秒鐘，然後當牙刷接觸到牙齒或牙齦時，說「很好！」停止刷牙，然後拿個小零食餵他。重複這個簡單、有好處可拿的過程十次，就可以停下來，牙齒保健就完成了。

尋求專業幫助

如果牙齒日常保健沒有貫徹落實，讓狗看起來更像《魔戒》裡的咕嚕，而不是喬治・克隆尼，請帶他去看獸醫進行專業清潔，重拾燦爛笑容。

學著喜歡獸醫

讓狗喜歡獸醫，把壓力和掙扎降到最小，好好就醫解決問題。

布魯諾，老樣子嗎？

進行社交拜訪

　　狗去診所的時候，通常都是身體不舒服或受傷了，因此到診所去可能會讓狗很焦慮、甚至痛苦，他可能會開始把診所和不愉快連結起來。所以定期帶他去診所作客，不要讓他感受到壓力或有不舒服的經歷，你和診所人員都可以給他很多好吃的小東西，讓診所成為遊樂場，讓他不再心驚膽戰。

1

哪些時候去最好？

和獸醫診所聊聊，找到適合社交到訪的時間，訂個計畫，比較有可能確實執行。

納入行程

把開心造訪診所也納入狗狗的行程安排，你可以排定每週帶他去獸醫診所附近的公園一次，在途中順道拜訪獸醫。

去診所吃好吃的！

星期一	星期四
星期二	星期五
星期三 社交拜訪	星期六
	星期日

事先準備

在檢查台上待一陣子對很多狗都有幫助，你可以一邊規律地餵他零食，一邊請獸醫團隊成員輕輕撫摸他。

2

建立正向連結

到診所社交造訪時，可別讓狗狗只在門口聞一聞就走人，帶他一起進去，讓工作人員幫他好好搔搔耳後、給個好吃的，他就會開始將獸醫院的處理與好康的連結起來。

鎮定丸

如果狗已經需要接受治療，情緒上卻還無法承受，獸醫可能會給你們家的緊張大師開點紓解焦慮的藥，這會有助於避免狗的信任在這次就醫後瓦解。

3

不能操之過急

請護理人員做一些簡單的檢查，比如檢查耳朵、嘴巴，漸次提升狗對診所的信任，但如果狗會怕，請收手（請參閱第88-9頁，了解如何透過跡象察覺狗可能已經快受不了了）。

生病的警訊

狗無法用言語表達自己身體不舒服，
因此飼主務必明白狗生病了會有什麼跡象。

注意行為變化

犬隻健康出狀況的一大跡象就是行為發生變化。飼主了解自家的狗，這表示飼主最容易察覺到事情不對勁。

如果狗變得孤僻或無精打采，或者比平時更常睡，有可能就是病了；焦躁不安、易怒或具攻擊性也可能是生病的徵兆；哀嚎、跛腳、僵硬、對平常做的活動興趣缺缺也都是警訊。打電話到獸醫診所預約健康檢查，尤其是如果你還察覺到下一頁提到的任何跡象時。

食欲不振

食量變小或不吃東西，尤其是持續
24小時以上。

體重下降

在幾天或幾週內體重下降，卻沒有
明顯原因。

呼吸道症狀

咳嗽、打噴嚏、喘鳴、呼吸困難、
流鼻涕。

口渴

飲水量比平時大很多，又或者不想
喝水。

腸胃不適

嘔吐或腹瀉。

排尿過多

頻尿。

眼睛變化

眼睛乾燥、發紅、渾濁，或有分泌物。

頭部動作異常

甩頭或頭歪歪的。

皮膚

皮膚乾燥、脫皮、發癢；皮膚發紅而非粉
紅；出現腫塊或潰瘍。

皮毛

皮毛乾燥黯淡、觸感粗糙脆弱，嚴重脫毛
或塊狀禿毛。

維護健康

常見健康問題

以下是獸醫平常執業中最常見的狗狗健康問題。

六大問題

飼主若能深入了解獸醫執業時六個最常見的臨床問題，即可及早發現病灶防微杜漸，甚至防患未然，你家的愛犬需要有你做他的健康顧問。

請你務必同時關注其他基本保健，例如寄生蟲控制。體內寄生蟲（如條蟲、蛔蟲、鞭蟲、鉤蟲和肺蟲），以及體外寄生蟲（如跳蚤、蜱蟲和蟎蟲），都會造成犬隻嚴重困擾。寄生蟲治療很簡單，費用不高而且有效，可以讓犬隻長保健康快樂，充滿活力！

第一名：牙齦疾病（12.5%）*

排名第一的是牙齦疾病，佔犬隻就醫病例的八分之一。牙菌斑會在牙齒上累積、硬化成牙結石，日積月累會對狗的牙齒和牙齦造成重大損害，好在狗狗的牙齦問題是有方法可以預防的（請參閱第100-101頁）。

* O'Neill, D.G., James, H., Brodbelt, D.C. et al. Prevalence of commonly diagnosed disorders in UK dogs under primary veterinary care: results and applications. BMC Vet Res 17, 69（2021）

第二名：耳部感染（7.3%）

其次是耳部感染，通常是細菌或酵母菌在耳朵潮濕溫暖的環境中大量繁殖所引發的。這對狗來說非常痛苦，應該盡快就醫。

第三名：肥胖（7.1%）

很遺憾地，你們家布魯斯可能不是「骨架大」，而是需要瘦個幾公斤，才能預防犬隻第三大常見健康問題：肥胖相關疾病。

餅乾

第四名：趾甲過長（5.5%）

狗的趾甲需要透過適當運動磨掉或剪掉，以防分裂、撕裂或折斷，引發極度疼痛。長趾甲還會對狗的腳部施加不均勻的壓力導致跛腳，有點像人類每天穿高跟鞋一樣。

第五名：肛門囊腺問題（4.8%）

你知道嗎，狗的肛門有兩個特殊的腺體會釋放出社交氣味，傳遞資訊給其他的狗。這些腺體有時會阻塞、感染和疼痛，狗狗在地上磨蹭拖行時請注意（見第93頁）！

第六名：腹瀉（3.8%）

有些狗真是匪夷所思，如果有機可趁什麼都吞得下肚（沒錯！布魯斯，我們說的就是你），難怪他們有時會拉肚子。不過，有時候，稀軟的便便背後可能有更嚴重的問題。

公犬絕育

我們必須出於正當理由決定摘除狗狗的「龍珠」，畢竟，一旦取出來，
就再也回不去了，請與獸醫討論狗狗絕育的問題和時機，
以確認這對你家的毛孩來說是正確的決定。

絕育會讓我家的狗性情平穩嗎？

　　沒有了睪丸，狗就再也無法製造睪固酮，難以引發雄性行為。例如，去勢的公狗不太可能會再撒尿做記號、招搖過市拈花惹草、沉溺於危險性行為或與其他公狗逞兇鬥狠。然而，不要以為絕育後的公狗性情一定會比較平穩，因為事實與普遍看法相反，狗並不是因為睪固酮而比較容易激動亢奮或不守規矩。

1

睪固酮和攻擊性

睪固酮會讓狗更快做出攻擊性回應，也會讓敵意更加強烈、持續更久。因此，未經去勢的公狗比已經絕育的更有可能在充滿挑戰的情境下抓狂暴走。一旦去勢後睪固酮濃度下降，許多狗的攻擊性就會隨之降低。

絕育後緊張

請注意，睪固酮會增強信心，因此在某些情況下，去勢後缺乏睪固酮，狗在情緒上可能有所改變，和人類互動時或許會出人意料地敏感，因此在感受到威脅時比較有可能做出攻擊性回應。

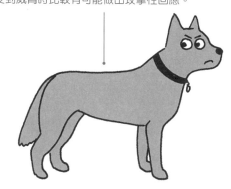

沒有特效藥

即使問題行為就是受到睪固酮影響，去勢可能也不是許多人希求的簡易解方。

2

綜觀考量

雖然睪固酮會影響某些類型的問題行為，但通常還有其他因素涉及在內，例如狗的環境、先前的學習、個性，和出生前以及青春期的腦部發育。

3

是誰把派都吃光了？

絕育不會讓狗變胖，只要讓他們持續活動，不要過度餵食。

避免意外繁殖

讓家中犬隻接受絕育就是盡一分心力減少意外繁殖，降低世上無主犬隻的數量。

母犬絕育

除非你願意負責任地繁殖，並且承擔隨之而來的艱苦，
否則絕育就是最好的作法，可以避免你家甜心一年兩次的發情考驗。

母犬絕育後行為會有所改善嗎？

母狗絕育手術會把卵巢摘除，而卵巢負責分泌雌激素和黃體酮等生殖荷爾蒙，因此，絕育可以改善雌性繁殖季節前後出現的問題行為。例如，母狗發生假孕時，守護玩具像呵護小狗一樣，也會保護自己睡的床，絕育或許可以消除這些錯置的母性衝動。

偏差行為如果與發情週期無關，就不可能因為絕育而改善或惡化。

1
清潔困擾

未經絕育的母狗在發情期會滴
血，家裡地板如果是木質的，
清理還算方便，但如果是奶油
色地毯——算了吧！

生理褲
母狗發情期間，為了盡量減少清潔負
擔，可以幫她穿上特製生理褲，但並不
是所有的狗都能接受。

2
健康利弊

絕育對健康有益處也有風險，請
向獸醫諮詢以確認讓你家寵物接
受絕育是正確的抉擇，而且年齡
也適合。

絕育時機根據體型大小有別
有別於與小型犬，絕育時間稍微延緩
對大型犬可能比較好。

3
絕育和緊張

絕育引起的荷爾蒙變化不會讓狗更加緊
張，但在獸醫診所的緊張經歷可能會。
一如往常，請確保手術前後盡量減輕愛
犬待在獸醫診所的壓力。

噗！
這是為了我好。

恢復期
愛犬在絕育完成後，活動限制需要維持十
天左右。此外，為了避免犬隻舔舐傷口造
成損傷，獸醫可能會建議戴上防舔頸圈。

食物禁忌

有些狗幾乎會將任何到爪的東西都吞下肚，
但並不總是知道東西是好是壞。

身體危害

　　一些日常食物對狗有毒，另外一些則可能讓他們受傷。

　　骨頭煮過通常很脆，可能會碎裂，進而阻塞甚至刺穿狗的胃，看起來無害的玉米塊在狗的胃裡不太會分解，所以也可能導致堵塞，尤其當他們飢腸轆轆，將整段玉米吞下肚時。即使看起來無害的麵包麵團也可能有問題，因為狗的肚子裡溫暖、潮濕，麵團會在裡頭膨脹。*

* 狗應該避免的食物並非只限於此——若有任何並非為犬隻特製的食物，在餵食之前，請先諮詢獸醫以獲得完善建議。

1

巧克力

只要有一絲機會，巧克力
沒收好，許多狗就會狼吞
虎嚥把它吃掉，但巧克力
中的可可鹼，對狗而言是
有毒的化合物。

越濃越危險
黑巧克力和烘焙巧克力
當中可可鹼濃度最高，
因此也最危險。

琪琪，
這你不能吃！

2

葡萄

似乎有些狗吃了葡萄也不會出事，
而另外有些狗則可能會出現腸胃問
題、甚至危及生命的腎衰竭，務必
將葡萄、醋栗和葡萄乾列入禁食清
單，以確保愛犬安全。

葡萄乾
葡萄乾當然是葡萄果乾，許多食物裡都有，
包括餅乾、麥片和麵包。如果想給狗吃人類
的零食，請小心檢查是否內藏葡萄乾。

3

木糖醇

許多人類食物中都有人造甜味
劑木糖醇，但即使只有少量也
會導致狗的胰島素飆升，血糖
濃度直線下降。大量食用會導
致肝功能衰竭，這是需要特別
防範的食品添加劑，務必敬而
遠之。

需確認的食物
任何甜味食物都可能含有木糖
醇，口香糖、無糖甜食、糖替
代品和減肥食品都是常見來
源。此外，請當心牙膏、止咳
藥水和維他命咀嚼錠等，有些
狗真的什麼都吃。

注意安全

開車出遊！

在高速公路上行駛時請確保愛犬安全。

安全第一

對許多狗而言，搭車出遊是生活中最好玩的事。上車之後樂趣無窮，公園、海灘、森林、河流或者好朋友的家，都只要開一段路就到了。不過，為了讓所有車內乘客都安全抵達，務必要適當地約束愛犬，讓他處於良好狀態、遠離危險。

1

為何在車內要約束狗的行動？

開車時務必適當約束愛犬，原因有二：1）防止犬隻分散駕駛注意力；2）不幸發生事故時，人犬都有更好的防護。

寵物車內護欄

汽車在設計時並不會考慮到狗的安全，因此很難找到完美的安全方案，但可加裝專為自家車款設計的載狗護欄，以螺栓固定在車內牢固定點，可以讓愛犬安全地待在後座置物區中，有足夠空間躺臥，另外還有個好處——後座的乘客不用擔心沾到他的口水。

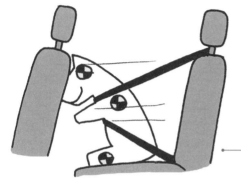

撞擊認證

大多數胸背帶都不夠強韌，無法在事故中安全地束緊愛犬。如果選擇使用胸背帶，請選擇通過撞擊測試的產品。

2

使用胸背帶

切勿使用狗的項圈將他們綁在車內，事故發生時，項圈會導致他們的脖子嚴重不當受力。飼主應該使用特殊胸背帶，扣上車輛安全帶以保護愛犬安全。

車窗安全

車窗敞開時許多狗會把頭伸出去，沉浸在各種奇妙氣味中，但他們的眼睛可能會因為昆蟲飛入而受傷，另外也有跳車的風險。所以車窗降到適當高度為宜，既可讓他們品味疾速撲鼻的氣息，又不至於危及肢體及生命安全。

3

切忌留置車內

狗的體溫調節與人有別，而且在高溫車內很快就會體溫過高，切勿將狗獨自留在車內。

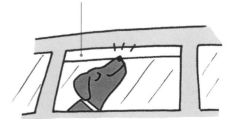

4

健康與安全

搭建柵欄

把狗安全圈養在自家珍貴的戶外空間裡，
既可保障寵物安全，也可讓飼主安心。

安全嚴密

　　家中的戶外空間對狗而言是寶貴的資源，有很多機會活動，例如做日光浴、品味空氣、與家中其他夥伴追逐、打鬧或者尋寶覓食（見第127頁）。但務必確認他們無法擅自出門，不會在路上受傷，不至於招惹其他狗或人、追逐動物或與鄰居愛犬偷嘗禁果。庭院的圍籬一定要設置得夠安全嚴密，連脫逃大師胡迪尼都難以脫身，這樣你才能放心。

1

柵欄應該多高？

柵欄高度取決於狗的體型、運動能力與攀爬技巧優劣和脫逃動機，一般法則是柵欄比狗肩膀高三倍，但是有些狗連這個高度都可輕易征服，柵欄就需要搭建得更高。

> 我想我又要跳出個人生涯新高了。

一開始就設定高難度
把只搭建柵欄一次當作目標好好去做。如果一開始過低，發現狗可以脫逃之後才增加高度，之前的經驗就是在訓練他們跳高或攀爬，逃脫技巧也會越來越熟練，所以一開始就搭高一點吧！

防堵狗洞
有的狗會挖地道，所以請沿著圍籬牆面在地上鋪設L形的網格。

3

柵欄種類

常見柵欄有兩種：「實心」和「鐵絲」柵欄。實心柵欄有很好的遏阻作用，通常安穩牢固又可以遮蔽視線，讓狗不會受到柵欄外的引誘，而且造型美觀。鐵絲柵欄搭建快速、成本效益高，但有些狗可以爬得過去。此外，外面花花世界一覽無遺，狗可能難以抗拒誘惑躍躍欲試。

門閂
為了讓固若金湯的柵欄充分發揮作用，請確認大門可以輕鬆、安全地關上，也值得再多花點錢安裝好的門閂。

2

強化防逃設施

有些狗需要惡魔島等級的設施，如果狗跳得過、爬得過家中圍籬，請考慮增加高度並向內傾斜45度。對於專心致志的逃犯，可以試著在柵欄頂部安裝滾輪，讓他們沒辦法用腳扣住引體向上。

CHAPTER

5

無比幸福

幸福的家

舒適家居

狗的家就是他的城堡，以下提供一些關鍵作法，可以讓愛犬過得像個國王或女王。

社交接觸

多數的狗性格外向、期待社交接觸，家中格局安排應該讓他們有意願時可以跟家人一樣參與家庭生活。但家裡喧嘩嘈雜的時候，尤其是家中有幼兒的話，他們也有個安寧的地方可以藏身。也請與家人約定好，狗狗退回藏身之處「獨處」

時不要去打擾。

長時間獨自在家對狗狗來說可能很辛苦或者至少非常無聊，如果全家人會在外一整天，請考慮狗狗日托，或者把狗送到也有養狗的朋友家中，又或者請愛狗鄰居「領養」一個下午。

1
水盆

狗需要大量新鮮乾淨的水，如果看到他們喝馬桶裡的水，可能就是在告訴你飲水的設置有問題。正確的作法是，狗喝的水每天至少要清空更換一次。

什麼樣的水盆才好？
不鏽鋼材質、橡膠底座的水盆很好用，容易清潔、衛生、無毒、不易破裂，而且狗也不太可能咬得動。

2
床

我們讓狗睡的床往往是次等貨，難怪狗喜歡跟我們搶沙發上的位置。選個大到足以讓他躺在上面，腿可以往旁邊伸展的，厚度要足以承受他的體重，床緣凸起讓他放鬆地睡不怕滾落到地板上出醜。

稍微奢華一點
許多狗，尤其上了年紀的，帶著年老體衰的腰痠背痛，會喜歡記憶床墊。

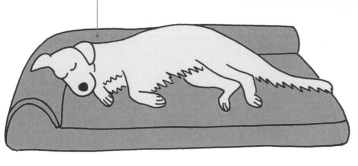

科技升級
某些遠端監控裝置可以讓飼主對狗說話，甚至可以提供獎勵給狗狗。

3
遠端監控

可以考慮在外出時用監視器監看愛犬狀態，查看影像時可能會發現到有哪些事會讓他們感到不安，方便後續必要的調整，也可以看到愛犬獨自在家時最喜歡做什麼。

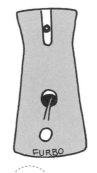

狗喜歡人抱嗎？

狗喜歡抱抱、親親嗎？還是主要是人喜歡而已？
這問題沒有簡單的答案，主要視個別犬隻而定
以及人到底如何做這些親暱動作的。

各有所好

我們總是想對狗展示自己有多愛他們，而且通常會以人類覺得自然的方式來做——親親抱抱。有些狗和人類臉貼著臉時，會感到非常緊張，尤其是被「擁抱」束縛住時；另外一些狗則不以為意，可以包容人類莫名其妙侵犯他們的個人空間；也有些狗則似乎真的很享受人貼著臉猛親的分分秒秒。

1
情投意合很重要

要確定狗是否能接受你的熱情有個關鍵——進行**意願測試**。讓狗有機會轉身離開或迴避，如果他跑了，有可能就是不喜歡，請改用他喜歡的方式表達對他的愛（見下文）。

又來了
用力拍打狗的頭，就相當於姨婆捏著你的臉頰說：「你怎麼這麼可愛啊！」

喜悅的跡象
當狗眼皮下垂、靠向你手中時，你就知道你摸對地方了。

2
正確作法

如果以正確的方式進行，大多數狗都喜歡肢體接觸。讓他自己來依偎在你身邊，不要用擁抱來束縛他，你可以撫摸他的臉頰、脖子、胸口、背部以及耳後。

回吻
抱狗、親狗時如果狗舔我們，我們很自然地會認為他在回親。對於某些狗來說，舔舐確實是開心的問候，但對於另外一些狗來說，則可能是感受到壓力，嘗試用舔舐向具有「威脅」的對方示好。

3
孩童與擁抱

小孩特別喜歡抱狗、親狗、依偎著狗，因此請讓孩童了解如何尊重愛犬（及其他犬隻）的社交界限，請觀察狗是否出現「鯨魚眼」之類的壓力跡象（見第89頁），適時介入讓愛犬保有需要的空間。有一點至關重要，孩童應該要知道不可以試著去抱不熟悉的狗，這些狗有時會因為害怕、自我防衛而咬人。

幸福的家

熱愛運動

運動是犬隻和飼主生活幸福不可或缺的一部分。

遛狗不只是運動

　　運動當然很重要，不過每天遛狗散步不僅止於此。散步時愛犬得以離開熟悉的家探索廣闊的世界，可以沉浸在各種氣味中，與其他狗、人互動，獲得新體驗、與飼主共度美好時光，以上都是遛狗對狗如此重要的原因。我們人都偶爾需要出外散心，而對狗來說，應該至少每天一次。

1

精力發洩不作怪

常有人說狗累了才會開心、守規矩,而精力旺盛卻沒有機會奔跑、到處聞、到處玩的狗,比較可能會在家裡做出脫序行為,因此務必讓愛犬規律地外出活動。

運動量和運動頻率

理想的每日運動量為,小型犬至少30分鐘,而大型犬和活力旺盛在家無處發揮的犬隻則是兩小時以上。如果可以把運動時間再切割成幾個時段,那就更好了。

運動拍檔

研究發現與沒養狗的人相比,養狗的人運動量充足的可能性高出了四倍。狗是你的運動健身良伴。

2

保持健康體態

除了飲食適當、適量之外,充分運動有助於犬隻保持健康體重(參見第97頁),這是維護愛犬健康重要的付出,可以讓他四肢靈活又長壽。

陪伴高齡犬隻活動筋骨

要讓老犬保持健康、有活動力,應該常常和他玩小遊戲,簡單動一動,即使只在屋子和花園周圍做點運動,對年紀大的狗也有好處。如果從狗的肢體語言判斷,他不太做得來,不要鑽牛角尖,非得要他在公園裡跑一圈不可。

3

適齡活動

你可能是越野跑步、山地自行車數十年的老手,然而家中的狗如果還是幼犬,或是年老、健康不佳,可能無法一起行動。請多注意他們的體能,如果發現他們做得很吃力,請記得降低運動強度。

好吃又好玩

善用狗當天定量的飼料，讓他們整天都有機會動動腦。

現在是怎樣？

不要用碗餵食

用碗餵狗落後時代至少一百年了！有很多餵養方式有趣多了。

每天早上，先把愛犬一日分量的飼料抓出來另外放置（乾狗糧最適合這種作法），接著遇到適當時機，就抓一把當日飼料，設計個趣味活動讓狗狗參與其中，他會玩得很開心，有得玩又有得吃（就像下一頁的作法）！

1

地毯式搜索

有時最簡單的作法最好。把當日一小部分狗糧撒在草坪上或花園裡，狗狗就會運用嗅覺超能力搜尋食物。這項活動妙處在於，他們永遠不知道最後一塊到底找到了沒有，常常會繞回去搜索第二次、第三次，甚至第四次，避免有漏網之魚。

每個都找到了嗎？

晉級挑戰

一旦狗狗成為飼料地毯式搜索專家，就可以在具有挑戰性的地點，例如石頭下或樹上比他們頭部高的地方，隱藏一些特殊的「點心」，好比豌豆大小的乳酪或法蘭克福香腸。

從簡單的開始

使用益智餵食器餵狗需要讓他有信心，從簡單的開始：混一點起司粉在狗糧裡把餵食器填到八分滿，以確保狗有充分的動力，而狗糧也很容易掉出來。*

2

益智餵食器

抓一把飼料放到互動餵食器中，例如益智球或不倒翁，愛犬需要讓餵食器滾動或把它推倒，才能慢慢地救出裡面遭挾持的乾狗糧。

3

葫蘆填充

將什錦狗糧塞入三層橡膠葫蘆中，狗會去舔、去啃葫蘆，是個樂趣無窮的活動。也可以把趣味葫蘆先冷凍過，延長趣味時間。

三層葫蘆創意料理* ─────

填充三層葫蘆時可以發揮想像力，讓狗因此愛上你，誰知道他們最喜歡什麼配料？香蕉、優格、花生醬混合乾狗糧嗎？又或者加點鮪魚、藍莓和雞蛋……

*請諮詢獸醫確認配料成分對愛犬是安全的，例如，避免藍乳酪，確認花生醬不含木糖醇（參見第 113 頁），而且愛犬對優格中的乳糖有耐受性。

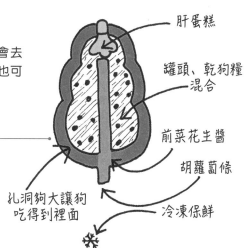

肝蛋糕

罐頭、乾狗糧混合

前菜花生醬

胡蘿蔔條

冷凍保鮮

扎洞夠大讓狗吃得到裡面

尋寶遊戲

「尋寶」遊戲不但好玩又有好康，可以讓狗動腦、發揮嗅覺。

尋寶訓練——「去找出來！」

　　教狗玩尋寶遊戲很容易。先請人拉住狗的項圈，讓狗看到你有令他垂涎欲滴的美食，然後走到門口，把食物放在地板上說「去找出來！」接著請對方把狗放開，讓他朝食物飛奔一口吃掉！簡單吧。之後，重複以上的流程，但這次在說「去找出來！」之前，將食物放在轉角視線看不到的地方。下一步是把食物放得更遠一點，先在狗眼前消失再放食物，然後才回頭跟他說「去找出來！」——很好！你現在已經上手了，可以跟狗玩頂級的尋寶。

1
提高挑戰性

只要狗不斷搜尋成功，就可以慢慢增加挑戰難度，從「就在轉角」提升到「任何地方都有可能」。

一定在這附近……

一直找就會找到
進行進階版的「尋寶」時，無敵好吃的寶藏可能在任何狗狗可以進出的地方，可能在沙發後面，或者後院圍欄半身高的地方，狗狗唯一能確定的只有一件事——繼續找就找得到！

待著……

2
練習「原地停留」

雙管齊下同時訓練狗狗「原地停留」（請參閱第72-3頁），好讓你離開他的視線去藏寶。

但不要越級打怪
在嘗試之前，務必確認你家狗狗「原地停留」已經駕輕就熟了，你可得離開他的視線好一下子呢！

3
玩具尋寶

還可以稍作變化增加趣味，把狗最喜歡的玩具藏起來，叫他去找出來。狗很愛找玩具時的刺激，也喜歡在自豪地把玩具帶回來以後，跟你玩拔河或你丟我撿，享受加碼樂趣。

世界盃搜尋冠軍
如果真的打算挑戰搜尋新境界，可以訓練狗識別不同玩具的名稱。關鍵是要確認狗狗找回來的玩具確實是你所指定的，才讓他玩遊戲、吃東西作為獎勵。有隻狗很了不起，記住了一千多個不同的玩具名稱，你和你家狗狗最終能打破世界紀錄嗎？

找出鴨鴨！

益智遊戲
拔河遊戲

拔河是個好遊戲，善用狗愛拔河的特性。

寓教於樂

拔河遊戲既是體能運動，也是飼主和狗之間非常愉快的社交互動，但重要的是，這也有助於教會狗狗在情緒亢奮的時候聽話。總而言之，拔河遊戲可以讓飼主和犬隻共度美好時光！

咯咯……

1

適當的拔河用具

拔河用的玩具在外觀和材質上，都應該有別於狗狗不能咬住、不能甩的物品，繩索玩具不錯，舊鞋則不適合。讓狗放心抓取玩具、咬住、拉扯、甩動，享受嘶吼狂野的樂趣！

狗會變得有攻擊性嗎？
拔河遊戲會讓狗變得有攻擊性是個迷思，雖然有些狗會張牙舞爪搶玩具，但如果你家狗狗拔河遊戲玩得很開心，原本和善的性格不太可能因為拔河低吼的樂趣就變得充滿暴戾之氣。

狗狗禪
如此進行拔河遊戲，教狗學會控制亢奮情緒、遊戲中斷才能再玩一局，每次拔河都是訓練他們自我控制的重要課程。

2

鬆口後再從頭來

在瘋狂拉扯的過程中，平靜地說「放開！」然後把玩具收過來靠在腿邊，呈現靜止、無趣的狀態。等待一下，再等一下。狗可能會咬住繼續拉，但不會太有趣。然後，一旦他終於甘願鬆口就說「很好！」又立即將玩具送過去，再次開始激烈的拔河。

真愛，就放下。

做得好，山米！

3

更高的期待

狗一旦掌握了「放開一再玩」的模式，就可以提升挑戰難度：要他後退和玩具保持距離，或聽從指令坐下之後，再重新開始玩。

讓他贏一下
人都需要成就，狗也不例外。如果你家狗狗在拔河當中拉扯得特別賣力，就可以放手假裝他打敗你了，只要不是你已經下指令要他放開之後就好。

嗅覺大考驗！

「尋寶」訓練（請參閱第128-9頁）進展得相當順利，
如果到此為止就太可惜了。在此還有另外三個氣味遊戲，
可以讓愛犬把超能嗅覺發揮到淋漓盡致。

1

哪隻手？

猜左右手既簡單又有趣。讓狗看到你有好吃的
在身上，然後雙手握拳，將零食握在一隻手
中，不要讓他看見是哪隻手。

猜猜看
面對狗狗伸出握緊的手讓他聞一聞，然後
等他提起腳掌碰你的手做出選擇，再把手
打開。如果手掌裡是空的，裝出難過的樣
子，然後重新洗牌；如果猜對了，做出興
奮的表情，讓他一飽口福。

2
猜杯子

把一小口食物拿給狗看再放到塑膠杯下面，當狗用鼻子或爪子輕推杯子，說「哇！」並拿起杯子亮出食物讓他吃。有些狗可能會立即將杯子推倒，這也是可接受的。

一杯、兩杯、三杯，更多杯！
狗一旦了解遊戲怎麼玩，杯子就可以加到兩個、三個甚至四個。將食物放在其中一個下面，然後將杯子重新排列組合，讓狗必須用嗅覺找出食物在哪個杯子下面，持續重複直到你或狗狗覺得無趣為止。不過如果你們家養的是拉布拉多可要當心了，玩到他覺得膩了至少要五個小時。

3
回頭找

這個遊戲超級棒！遛狗時帶著狗狗最喜歡的小玩具——球、泰迪熊或繩索玩具，經過開放空間而且狗剛好在注意其他東西時，請把玩具放下，繼續往前走幾步，再呼叫狗狗對他下指令，例如「回去找！」或「你的球在哪裡？」興高采烈鼓勵他回頭找玩具。他找到的時候，用零食或用那個玩具和他玩遊戲做獎勵。

延長氣味回溯距離
狗狗一旦明白找到玩具就有獎賞，就可以嘗試玩具放下後走遠一點了。狗狗必須開始回溯你們沿路留下的氣味回到玩具放置的地點。你家狗狗有辦法回溯多遠去找寶貝玩具呢？

你的球在哪裡？

打造挖坑樂園

幫狗狗打造一個挖坑樂園吧！替他的挖洞愛好找到出口，
讓草坪、花園、得獎玫瑰免受摧殘。

> 洛基，相信我！
> 這裡好玩多了。

挖坑樂園，我喜歡！

面對現實吧！狗喜歡大挖特挖（見第90頁），與其讓他們決定花園哪一塊地最好挖，不如由飼主打造一個專用的挖坑樂園，讓他們盡情挖個夠！這種目標明確的介入，不僅可以拯救花園，還可以幫愛犬在後院開闢一個頂級的活動空間。

1
樂園蓋好狗狗自來

狗狗全新的挖坑樂園應該有明確的邊界，用未處理過的「枕木」之類的東西圍構。這有兩個好處——可以容納大量泥沙，也可以讓狗清楚知道哪裡才能挖。

5
無比幸福

坑大是美
挖坑樂園的理想大小是長2公尺、寬1公尺、深0.5公尺，以枕木大小推算，大概是一根枕木長、半根枕木寬。

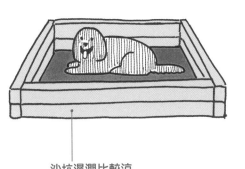

2
填滿挖坑樂園

挖坑樂園適合用沙子填滿，讓狗可以在挖完洞之後把身上的沙抖乾淨，不像泥土會沾在他們身上跟著進屋子。

沙坑濕潤比較涼
定期幫沙坑澆水可以增加犬隻挖洞的樂趣，因為沙粒會比較容易結塊。如果狗想挖個涼爽的地方躺一下，濕潤的沙坑也比較方便。

3
埋寶藏

沙坑設置完成後，就可以在裡面埋藏食物、啃咬玩具或其他好東西。剛開始要讓狗看你在埋東西，甚至跟他一起把東西挖出來，目的是要讓他知道，與花園裡其他地點相比，這個沙坑是座金礦！

挖掘驚喜
趁狗不注意時，把驚喜埋起來，例如冷凍什錦美味三層葫蘆（參見第127頁的「食譜」），等他來挖。一開始埋淺一點，等到狗越來越熱衷於挖寶，就可以把獎品埋得越來越深。在狗心目中，挖坑樂園將成為神奇的美食補給站。

CHAPTER

6

呼叫休士頓，
我們遇到問題了

撲人和拉扯

改掉撲人習慣

你家狗狗是否會跳起來撲人，費盡心思教他也改不了？實在很沒禮貌！
以下有些作法可以讓狗學會禮貌。

為什麼狗會跳起來

狗跳起來是想要引起注意，見到我們很高興，急於表現愛和得到愛。

狗跳起來撲人的習慣通常從小開始養成。因為小狗學到，光憑著可愛討喜，如果前腳蹬起趴在人身上，就會得人疼愛。當狗狗進入青春期身體變得瘦長，這種行為就不再那麼討喜了，但還是**多多少少管**用，偶爾可能還是會有人抱抱他，跳起來也可能會得到其他方式的回應。對於很多狗而言，任何形式的理會總比沒人理會好。當人類看著狗，試圖安撫他、下達指令（例如「下去」）、將他推回地上、甚至責備他，這些都會增強他跳起來撲人的慣性。

1

「但他們知道他們不可以」

通常，當我們說「下去」或將他推開，狗
會暫時把前腳放下來，這不是因為他知道
不可以這樣做，而是因為他已經達成目的
了——有人理他了。

這麼說他才會
把腳放下來。

不可以！
下去！

他對我說話了。

重複演出
狗每次跳起來撲到我們身上，如果人類都有所反應，
這種模式就會不斷重複，我們可能以為自己在「訓
練」狗不要撲人，但實際上卻造成反效果……

只有在他四隻腳
乖乖放在地上時
才摸他。

2

鼓勵狗狗有禮貌

要幫狗改掉跳起來的習慣，最重
要的是在狗狗有禮貌的時候——
四隻腳都在地上，主動和他們互
動，不要等他們刻意引起注意。

初次見面
遇到不認識的人的時候，狗狗要用牽繩牽著，
藉此機會說明「四肢在地」的規矩，同時運用
牽繩防止狗狗彈跳起來撲人。

3

擺出臭臉！

如果狗跳起來，請不要理他，雙臂交叉，轉過身
去，不要看他，也不要說話（這個策略也適用於
其他吸引注意力的行為，比如吠叫）。

在失落中學習
當狗前腳蹬起來，你不再做出任何反應，一
開始他可能會跳得更厲害或者嘗試其他「看
我這裡」的策略，例如吠叫。別擔心，一旦
度過這種失落，狗狗的袋鼠跳就會緩解了。

拉扯牽繩

遛狗時，你家狗狗繫著牽繩會暴走拉著你向前衝嗎？
以下作法可以幫你減輕散步壓力。

為什麼狗會拉著人跑

出門散步通常是狗狗一天的重頭戲，而且一路上有很多誘人的氣味和潛在樂趣可以追逐，包括別隻狗身上的氣味、擦身而過的路人、在轉角公園裡擺脫牽繩的任我遨遊。

許多狗從幼犬時期就知道，想要享受這些美好事物的最好方法，就是持續不斷、死命地拉扯牽繩。對他們來說，只要能夠往前衝再不舒服都值得。如果拉到後來有得到好處，他們很容易就會養成根深柢固的習慣。

1

有何解決辦法？

「鬆繩隨行」有個成功關鍵——狗只要一拉扯牽繩，就絕對不要前進；相反地，**當牽繩鬆弛舒適時，允許狗狗接觸有趣的東西。**

不要把狗逼得太緊

狗如果會拉繩暴衝，飼主很可能會想用很短的牽繩或長繩收近勒緊，但是這會使問題變得更嚴重！如果繩子一直很緊，狗就幾乎沒機會了解讓繩子保持鬆弛對他有什麼好處。

2

牽繩放鬆行得通

要讓狗有機會了解到，牽繩保持鬆弛他就有比較多機會嗅出有趣的狗狗新聞（見第15頁）。所以請放輕鬆，只要狗不拉緊牽繩，就多給他一點自由，出門散步就是要到處聞聞看。

我得拉著這位先生跟我走。

3

拉扯牽繩就要等更久

運用以下簡單的技巧，對狗清楚立下規矩貫徹到底：他每次只要把牽繩扯緊拉你往前超過三步，你就要立刻向後退，直到他轉頭朝你走過來，接著才可以再次一起朝著原來方向前進。拉扯就會耽誤到歡樂時光！

幫幫他

如果你樂於讓狗接近某件事物，請讓他在牽繩鬆弛的情況下靠過去，比方說他急著要湊到燈柱前去聞一聞，不要讓他拉著你走過去，你可以靠前一點好讓牽繩鬆一些。

有效裝備

如果運用以上方法訓練，頭帶項圈或前扣式胸背帶將可發揮神奇功效。不過，請避免使用背扣式胸背帶，因為這會讓狗狗拉扯得更厲害——想想哈士奇拉雪橇的樣子（另見第49頁）。

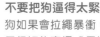

恐懼與焦慮

何為恐懼？

恐懼這種情緒可以讓狗在危險中保持安全，激發身體或戰或逃的反應，
隨時準備好採取肢體行動。

或戰或逃反應

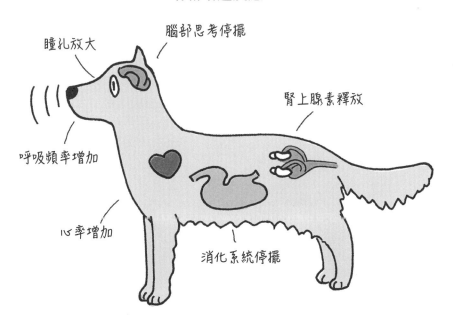

瞳孔放大

腦部思考停擺

腎上腺素釋放

呼吸頻率增加

心率增加

消化系統停擺

放錯地方的恐懼

　　恐懼很自然、正常，但並不總是合適的：有些狗可能會有無謂的擔心，友善的陌生人＝危險！沒見過的狗＝危險！自己在家五分鐘＝危險！如果你很納悶為什麼狗狗對某些事情會莫名地感到壓力，答案通常是基因遺傳導致腦部結構如此，以及／或者是早期的經歷可能過於有限（參見第30-31頁），幸好有些作法可以讓敏感的狗狗增加信心。

減少恐懼的三大黃金法則

恐懼可能不理性又強而有力，讓狗的大腦無法思考。儘管我們很希望狗不會恐懼過頭，但有時候就是無能為力。飼主需要做的是釐清狗在怕什麼，並運用以下三大黃金法則日漸減少他們的恐懼。

1

避免極度恐懼情境

讓狗陷入恐懼深淵無濟於事，如果他們對某項事物很恐懼，不要勉強，反而應該在不那麼緊張的情況下幫助他們培養信心，逐漸克服恐懼。

嚇破膽也沒用
如果狗對某項事物原已感到緊張卻又再度受到驚嚇，會更加深原有恐懼。

2

投入時間適應恐懼

不管狗害怕什麼，讓他在**可忍受範圍內**慢慢適應，「危險」務必維持在他可以應付的程度。如果有任何壓力跡象（請參閱第88-9頁），或對食物獎勵興趣缺缺，請降低情境強度或者改天再試。

緩進持續克服恐懼
狗狗和害怕的事物共處的每一分鐘都會慢慢、確實地降低他們的恐懼。

3

建立正向連結

如果原先看似可怕的情境與美好的事物聯繫在一起，狗就會開始有不同感受，但務必確認挑戰之後伴隨著正向經驗，以確保**苦盡甘來**，而不是樂極生悲。

食物是前進的推動力
狗狗在有點焦躁不安的情境下，如果持續受到飼主美味小點的激勵，這些情境將反轉成為歡樂時光的預告。

好吃的噢！

蜘蛛出現的時候就有好康的。

恐懼與焦慮
面對重大噪音

狗被突發噪音嚇到相當常見，包括放煙火、槍聲、雷聲等，
但是有一些實用的作法可以幫助他們應付可怕的聲音。

幫助愛犬面對噪音

　　如果狗狗有聲音恐懼症，最重要的就是防止他受到重大驚嚇。煙火施放期間的日落之後，或者烏雲密布雷雨將至，請避免遛狗，因為可能突發巨大聲響，不值得冒險外出，造成犬隻長期傷害。在家時如果有可怕噪音無法消除，例如隔壁歡樂喧嘩或戶外狂風暴雨時，請改善居家布置，讓狗較為安定。觀察

狗害怕時自然選擇的避難地點，在那裡幫他打造一個隔音防空洞，可以是上面覆蓋厚毯消除聲音的開放式狗窩，地面鋪設毯子方便他「鑽入」紓壓。

　　外面放煙火你可能莫可奈何，但運用上面的策略，可以降低對狗的衝擊。

1

抗焦慮藥

有些狗會因為聲音壓力過大，因而有必要針對特定、重大事件，請獸醫開藥緩和焦慮，讓狗得以減輕噪音環繞的壓力，避免恐懼症日漸惡化。

安撫狗狗是沒問題的

有些人擔心在狗害怕時加以安撫會「增強他的恐懼」，但不要擔心，鎮定的安撫對狗只有幫助沒有傷害。

2

減敏療法

用擴音器播放煙火和雷聲可以增加狗對可怕噪音的承受力。這種方法有個好處，可以從「安全」等級開始，然後再用狗狗可以承受得住的方式逐漸提高強度。

低音放大

用擴音器播放可怕的聲音已經播了好一陣子，音量也一天比一天大，但是如果喇叭功率不足以「原音重現」怎麼辦？那就去借有重低音喇叭的強大音響設備，辦一場轟動的派對！

3

打雷了就有得吃

狗狗一旦適應良好，噪音模擬練習開始播放後（不是開始前），可以試著在地板上把零食推送過去讓他追著吃，目的是讓響亮的真實噪音成為好吃、好玩的信號。

上街練膽

遛狗時路邊隨便的聲響就可能讓一些狗過度驚恐，如要幫助犬隻克服這個困難，可以運用前述的相同技巧：在背包裡放個攜帶式喇叭，一邊走一邊播放不同的聲音。

恐懼與焦慮
獨自在家

許多狗獨處時會有壓力，可能會出現行為問題。若想避免可怕的分離，
練習模式一貫且令他安心的短暫、可忍受的道別，
即可幫助愛犬在飼主外出時放鬆。

離別很困難

　　狗是群居動物，通常喜歡有人或狗作伴。雖然許多狗有辦法獨處，但有些狗獨處時真的會心情不好，會因孤立而**焦慮**，又因莫可奈何而**失落**。緊張的情緒、和家人在一起的渴望，可能會讓他們哀號、吠叫，對著前門這類行動障礙又抓又啃。有些狗則會在家裡大小便或表現出其他焦慮跡象（見第88-9頁）。教狗學會面對分離有助於解決這個問題。

1
安全空間

教導狗狗如果你把他關在廚房等特定空間裡,你很快就會回來——這裡指的是幾秒鐘內而不是幾分鐘。那幾秒鐘他一旦應付得來,時間就可以慢慢延長了。

短而頻繁

分離要時間短暫但次數頻繁。如果一次只離開幾秒鐘,可以開一道門縫給狗一點食物獎勵,然後再次把門關上。如此重複十次,再放他出來,繼續你一日的行程。

玩躲貓貓!

小瓜,
待會見噢!

2
小狗監視器

門關上後,使用遠距攝影機在手機上觀看,如果狗出現壓力跡象(見第88-9頁),就回到他身邊,並縮短下次隔離時間;如果他適應得來,就把時間延長10%。要把狗推出舒適圈外一些些,但不要過度了。

增加獨處樂趣

狗一旦能夠獨處整整五分鐘,就開始留個美味的三層葫蘆給他(見第127頁),這樣他就會知道獨處時間就是美食時間。

3
提高難度

在狗狗可以承受範圍內,一天練習五次輕鬆道別,一點一點延長狗狗在安全空間隔離的時間。加入你出門離家時的實際音效,例如開門、關門聲。因為狗在安全空間內看不到你,所以就不需要模擬穿鞋或穿外套等其他「出門線索」了。

成果驗收

一旦狗可以在安全空間裡好好待上30分鐘,就可以嘗試真正出門了。但不要出門太久,要在小狗監視器上觀察他適應得好不好。恭喜!你已經幫助狗狗克服了恐懼。

恐懼與焦慮
打理外表這件事

有些狗真的不喜歡整理儀容。梳毛？剪趾甲？
是時候想辦法教狗狗享受尊榮保養服務了！

又來了⋯⋯

狗不願意整理外表並不是因為喜歡邋遢的樣子，通常是因為整理過程讓他們感到緊張。有些狗天生對某些地方受到觸碰很敏感，坦白說，毛髮打結要梳開或趾甲剪得太短都不是什麼有趣的經歷，尤其是如果之前被硬抓著整理。這就有點像硬被按壓在診療椅上看牙一樣令人不開心。

1

簡單且規律的打理

幫助狗狗適應打理最好的方法是，避免強行抓住他或把他推出舒適圈，定期進行簡單且有趣的外型整理，稍微超出一點他的容忍度。如此一來，狗狗肯定會慢慢地樂於接受打理。

> OK，今天用軟毛梳就好。

尊重不越線

如果狗狗用嘴巴咬住你的手、露出牙齒、低吼、抓狂或意圖掙脫，就表示他無法接受。不要太過勉強，保持樂趣！尊重狗狗不越線，他接受程度的進展將會出人意料。

> 謝謝你聽到了我的心聲！

2

趁虛而入適得其反

用食物分散狗的注意力，再偷偷地梳開他身上的毛球或幫他剪趾甲，聽起來好像行得通，不過實際上反而是在教他有東西可吃時要格外小心，多多提防。

適時獎勵

教你的狗了解碰觸會有零食。用梳子梳毛、掀起耳朵、握住腳掌修趾甲的時候，說聲「很好！」暫停整理動作，伸手拿零食打賞。

3

從頭來過

如果狗的皮毛一團亂蓬蓬的，卻又不太能接受梳理，很顯然不該在此時教他梳毛很好玩，請從頭來過：詢問獸醫是否願意幫狗注射鎮靜劑好把毛剪短，之後再每天用好吃的當獎勵來練習儀容整理。

磨甲器

如果把狗的趾甲剪得太短，可能會剪到「血線」，這是趾甲中神經分布的部分，剪到真的會很痛，而且真的會讓狗討厭趾甲剪！萬一發生了，請換用磨甲器，這不會讓他有任何負面聯想，還可以降低日後過度修剪的風險。

了解攻擊性

看到自家的狗作勢攻擊，飼主會很困擾又擔憂，
我們一起探索一下狗的腦子裡在想什麼，飼主又該如何處理。

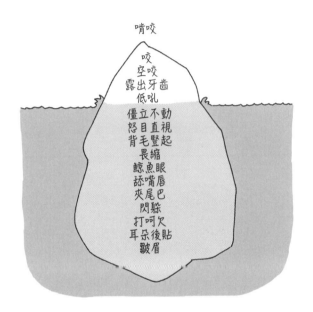

攻擊性的冰山結構

面對高風險情境時，所有的狗都可能表現出攻擊性，比如感覺有危險或者重要的東西會被搶走時。雖然攻擊性看似沒有來由，但在狗齧咬、啃咬之前，可能老早就已經有其他比較隱晦的跡象可以看出狗狗不太愉快。狗的行為就像冰山，表面下還有很多無人察覺。

人類感知可能不會察覺到的訊號，包括微細的壓力跡象（見第88-9頁）或閃躲的意圖。如果壓力持續增加，狗就可能會發出更清楚的警告，例如低吼或露出牙齒。如果狀況持續升級，可能會先看到狗暫時靜止不動，隨後抓狂、啃咬。察覺表面下的前期跡象非常關鍵，有助於了解犬隻、排除狀況，讓他們不用使出必殺技。

1

強烈的情緒

攻擊行為通常是強烈情緒所驅動的，例如恐懼、沮喪和憤怒。如同人類，狗有時也會情緒失控，而且可能不假思索地發動攻擊。

等你冷靜下來再說。

減少恐懼以降低攻擊性
讓狗學會適應恐懼的事物，他們之後就比較不會出於防衛而攻擊。

處理情緒而非行為

在狗暴怒、腦袋不清楚時，不要試圖處理攻擊行為，不如給他空間，等之後冷靜下來了，再設法轉換促發攻擊性的情緒。

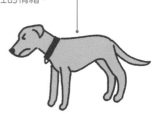

2

恐懼導致攻擊

恐懼是狗變得具有攻擊性的常見原因。如果狗覺得自己有危險，很自然地會發揮攻擊性，以取得必要空間讓自己有安全感。

3

不順己意釀成攻擊行為

有些情況無法順著狗的心意，他們有時可能會變得氣急敗壞，情緒過於激動，試圖透過攻擊行為來解決問題。

寶貝被人拿走
如果試圖拿走狗非常看重的東西，比如食物或偷咬來的手套，會讓狗不悅程度破表。為了守護寶貝，他們可能會很激動、作勢攻擊。此類攻擊行為的處理方法，請參閱第156-7頁。

吼～～
我的寶貝！

陌生人危機

飼主帶狗接受專家行為治療最常見的原因是，
狗對不熟的狗或人作勢攻擊。

為什麼狗對陌生人有攻擊性反應？

狗在家中和家人相處時性格像顆軟綿綿的棉花糖，但一有陌生人或狗靠近就警鈴大作，又是低吼狂吠、又是飛撲啃咬。在多數案例中，這副面目猙獰的姿態實際上是恐懼激發出來的，意在驅逐「危險」的陌生人。

在這種情況下要把狗控制住並不容易，因為他們通常處於或戰或逃的狀態，無法正常思考（請參閱第142頁）。然而，慢慢地、堅定地教他新朋友是安全的，緊張的時候應該如何反應，就可以讓緊張大師逐漸轉變成開心犬。

1
人身安全

如果狗靠近陌生人反應很大，當務之急就是確保所有人都安全，務必確認你家狗狗有他需要的空間。此外，也可以幫他戴上嘴套，以降低犬隻出於壓力咬傷人的風險（請參閱第50-51頁）。

控制裝備

犬隻在壓力大、反應激烈時，「一般」項圈或背扣式胸背帶（請參閱第49頁）有時可能控制不了，請考慮使用頭帶項圈或前扣式胸背帶，以便更有效控制犬隻行為。

沒見過的狗真好玩！

2
安全社交距離

讓自家犬隻在他可接受的距離內和陌生人犬共處，日後有陌生人在的場合，他會慢慢覺得比較安心，比較不會壓力過大，又吼又叫地要人退避三舍。

進一步接觸

狗一旦能夠接受有陌生人在他周圍，就可以順水推舟更進一步。他如果夠輕鬆自在，能夠接受陌生人放在地上的食物，或者和新認識的狗玩，都會增加他對陌生環境的信任。

3
替代行為⋯⋯

訓練狗在有陌生人引發不安時該如何表現，簡單的作法效果最好──如果有人令他不安時，他就自動抬起頭來看著你，請說「很好！」表示鼓勵，然後給個零食做獎勵。

⋯⋯轉換情緒

鼓舞的眼神和好吃的獎勵不僅可以讓狗學會如何表現，也可改善讓他們反應激動的情緒。陌生人出現就是飼主給予美食的預告（「耶！好吃的！」），而不是生命危險的預兆（「哎呀！危險！」）。

看到陌生人就有好吃的。

會咬親人的狗

狗咬親近的人時，會讓人覺得信任受到了辜負。
若能了解狗發動攻擊背後的原因，就會明白這並無針對性，
也會讓彼此關係更加和諧，進而對狗有所幫助。

你家的狗會心有不甘嗎？

當狗對家人表現出攻擊性，通常是因為無法隨心所欲，導致他們喪失理智。要不以為自己的寶貝要被搶走了、討厭的事情要發生了，就是有很重要的事情要做卻受到阻攔。這種心有不甘醞釀到後來，會讓他們無法冷靜、發動攻擊企圖掌控局面。

不要認為攻擊的舉動就是「爬到頭上來」了，應該把這個行為當作小小孩在鬧彆扭開口咬人。

1
切勿以暴制暴

狗抓狂發飆的時候受到處罰，會讓誘發攻擊的情緒火上加油。不只在當下，長期而言攻擊性也會增強。

避免引爆情緒

如果狗抓狂攻擊別人，請給他空間、暫時退讓，試著調整狗的生活，以減少未來摩擦。

> 小麥，外面空間比較大，讓你在這裡好好咬個夠。

> 坐下！

> 耶！有指令！

2
鞏固關係基礎

請確認狗養成習慣回應指令，而且回應時確實獲得獎勵（請參閱第40-41頁和第54-5頁）。飼主若能扮演好領導者的角色，犬隻在棘手的情況下就比較可能會聽從指示。

正向氛圍
人犬關係基礎穩固，狗比較不會產生心有不甘、恐懼等情緒，攻擊性也就不容易受到誘發。

> 放下泰迪熊，就有東西吃，還可以再把泰迪熊拿回來。

3
改變犬隻期望

針對讓狗感到壓力的情境給予訓練，而非在攻擊行為出現當下，試圖「教他誰才是老大」予以遏止。應該要採取正向、預防因應的訓練，改善犬隻在這些情境中的期望和情緒。*

* 如果愛犬表現得有攻擊性，請諮詢合格的犬隻行為專家，以確認他得到最好的協助，同時降低被咬傷的風險。

交換與歸還
如果你家的狗霸佔物品時表現得很有攻擊性，應該要教他如果自願放棄，通常會得到驚喜美食，**而且你會再把東西還他**。有些東西當然要永久沒收，例如阿公的眼鏡，但應該要用「安全」物品定期練習。對狗而言，「把東西放下」從此表示「將會有好康的」，而不是「他們要搶走我東西」。如果狗對於物品不再感到那麼不甘心和受到逼迫，攻擊性就不會那麼強了。

6

呼叫休士頓，我們遇到問題了

地域防衛緊張

對郵差狂吠是狗的天職，不過有些狗保衛家園的時候做得有點過頭了。

狗為什麼有地域行為？

你家狗狗會不會把門鈴當作住家遭受入侵的警報？其他狗經過你家門口時，他會不會叫個不停？

狗可以作為強大的防盜警報器，但有時過於盡忠職守也令人頭痛，尤其是狂吠之後又開口咬人。

有三件事通常會激發他們的地域行為：

- 捍衛地盤的**本能衝動**
- 在熟悉環境中**信心大增**
- 成功嚇阻「入侵者」的**往日榮耀**——自我滿足的痛快！

1
眼不見為「靜」

狗每次對路過的人事物吠叫時，地域行為都會得到回饋，變得更加根深柢固。阻擋狗的視線讓他們無法看見「入侵者」，就能讓他們卸除保衛家園的責任。

窗戶霧面玻璃貼

房屋臨街的窗戶通常是重要的看家巡邏點，在窗戶底部貼上霧面貼紙，光線仍然可以穿透到家中，但狗叫聲會減少許多，可以停止犬隻自我強化地域防衛，同時減輕狗和飼主的生活壓力。

> 回去睡覺的地方，
> 就有獎品！

叮咚

2
門鈴訓練

許多狗聽到門鈴聲腎上腺素就會激增，也會出現強烈的地域行為，例如連續不斷的吠叫。若要改變狗對門鈴的情緒和行為反應，可以經常做個有趣的練習——每次聽到門鈴聲，如果他乖乖到床上，就可以獲得獎勵。

從頭訓練

門鈴訓練最簡單的作法就是，買一組雙按鈕的電門鈴從頭訓練。一個按鈕放口袋，另一個安裝在門邊，口袋裡的按鈕一天按10次，每次狗狗如果乖乖地回到指定地點就給他獎勵。充分練習之後，每次客人來訪按了門外的按鈕，他一聽到鈴聲就會馬上去指定地點報到。

3
注意安全

許多狗在訪客進門前原本兇神惡煞，不過一旦真的見到了，他就會變得很友善溫馴。然而，有些狗可不是做做樣子而已，真的會咬人。開門前請把狗帶到別的地方，以確保所有人的安全，接著邀請訪客入內坐下，再幫狗套上牽繩帶進來。* 這樣就可避免在門口發生混亂、人狗對峙，讓大家有機會認識彼此。

很開心認識你

如果訪客給狗空間，好好坐著，偶爾丟零食請他吃，狗狗就可以學會喜歡他！

> 我喜歡
> 這位客人。

*有必要的話，幫狗戴上嘴套，確保訪客100%人身安全（請參閱第50-51頁）。

與狗一起快樂生活
的十大黃金法則

1 見見小狗父母。

選擇父母健康和善、輕鬆自在的小狗，並確認他們是飼養在育種者家中，而非另行搭建的建築裡，這樣的幼犬最有機會能夠適應、享受未來的生活挑戰（第26-7頁）。

2 100個人、100隻狗、100個地方。

幼犬12週大之前，應該多多接受不同體驗，但請注意疾病防護，多元經驗可以讓他們長大後包容、隨和、有自信（第30-31頁）。

3 認識狗如何傳達訊息。

若能學著認識犬隻溝通細微之處，就會更加理解狗的情緒與需求（第80-89頁）。

4 訓練理想行為（而非阻絕問題行為）。

教狗如何表現得符合你期望，並給予回報，問題行為會減少，狗會更快樂（第54-5頁）。

5 給予獎勵，不要收買。

狗狗表現良好時，偶爾給予獎勵，效果非常好，但請記住：不要用收買誘使狗狗**去做某件事**，應該在他們**聽從指示後**用獎勵給他們驚喜（第58-61頁）！

6 不要用支配理論解讀家中犬隻行為。

不要讓支配迷思妨礙你和狗狗建立良好圓滿的關係，當毛孩的好爸媽，不要擔心他有沒有把你當作老大（第38-9頁）。

7 教狗「學習而獲得」。

狗對簡單指令有所回應之後，把他喜歡的東西給他，藉此確立彼此關係，讓他為了達成心願聽從你的指示（第40-41頁）。

8 預防勝於治療。

一切以愛犬健康為重，讓他幸福又長壽（第96-111頁）。

9 運用益智遊戲增加愛犬生活樂趣。

不要再用碗餵食了！把一天份的狗糧融入每日有趣的創意活動中（第126-7頁）。

10 玩！玩！玩！

遊戲對狗而言非常有趣，還有**許多其他好處**，例如讓飼主寵物的親密關係更加穩固（第44-5頁）。

國家圖書館出版品預行編目（CIP）資料

狗狗想要什麼：圖解如何照顧與訓練出快樂的狗狗 /
麥特 . 沃爾 (Mat Ward) 著；魯 伯 特 . 佛 瑟 (Rupert
Fawcett) 繪；林義雄譯 . -- 初版 . -- 臺北市 : 大塊文化
出版股份有限公司 , 2023.06
　面；　公分 . -- (catch ; 295)
譯自：What dogs want : an illustrated guide for happy
dog care and training
ISBN 978-626-7317-20-4（平裝）

1.CST: 犬 2.CST: 犬訓練 3.CST: 寵物飼養

437.354   112006851